ANALYSE

DES GAZ COMBUSTIBLES

ET

DES GAZ DE COMBUSTIONS

ÉTUDE

DE LA COMBUSTION DU BENZOL

DANS LES MOTEURS

ANALYSE

DES GAZ COMBUSTIBLES

ET

DES GAZ DE COMBUSTIONS

ÉTUDE
DE LA COMBUSTION DU BENZOL
DANS LES MOTEURS

PAR

Eugène MAUGUIN

Docteur ès Sciences de l'Université de Lyon.
(Chimie Industrielle.)

LYON

A. REY, IMPRIMEUR-ÉDITEUR DE L'UNIVERSITÉ
4, RUE GENTIL, 4

1915

ANALYSE

DES GAZ COMBUSTIBLES

ET

DES GAZ DE COMBUSTIONS

ÉTUDE

DE LA COMBUSTION DU BENZOL
DANS LES MOTEURS

PAR

Eugène MAUGUIN

Docteur ès Sciences de l'Université de Lyon.
(Chimie industrielle.)

LYON

A. REY, IMPRIMEUR-ÉDITEUR DE L'UNIVERSITE

4, RUE GENTIL, 4

1915

A MA MÈRE

A MON PÈRE

*Témoignage de profonde
affection.*

A LA MÉMOIRE DE MA SŒUR

ANALYSE
DES GAZ COMBUSTIBLES
ET
DES GAZ DE COMBUSTIONS

ÉTUDE
DE LA COMBUSTION DU BENZOL
DANS LES MOTEURS

INTRODUCTION

Les premières méthodes d'analyse des gaz datent du
xixe siècle; elles sont dues à Bunsen et à Regnault. Mais les
opérations étaient alors si longues et si délicates qu'on ne
pouvait songer à les exécuter dans l'industrie.

Vers 1870, les travaux de Winkler, Bunte, Orsat, et
de grands perfectionnements apportés aux appareils permettent à l'analyse des gaz de franchir le seuil de l'usine où
elle va rendre des services de jour en jour plus importants.

Actuellement, on analyse les gaz des foyers pour en sur-
veiller le fonctionnement : on arrive ainsi à une utilisation
plus parfaite du combustible, d'où une économie appré-
ciable. En métallurgie, l'analyse des gaz des fours permet
de suivre certaines opérations d'oxydation ou de réduction
et d'atteindre avec précision la qualité recherchée dans le
produit fabriqué. Enfin, dans un très grand nombre d'in-

dustries chimiques, surtout dans celles qui fabriquent des produits gazeux, il est évident qu'on ne saurait se passer de l'analyse des gaz.

L'analyse des gaz combustibles et des gaz provenant des combustions consiste à séparer et à mesurer l'acide carbonique, l'oxygène, les carbures non saturés d'hydrogène, l'oxyde de carbone, l'hydrogène, le méthane et l'azote[1].

Dans ces séparations, il faut considérer les appareils et les méthodes utilisées pour des analyses faites avec une approximation de 0,01 à 0,05 pour 100 ou de 0,2 à 0,5 pour 100.

Les difficultés de l'analyse ont presque toujours résidé dans la séparation de l'oxyde de carbone de l'hydrogène et du méthane. Si la détermination de l'oxyde de carbone est fausse, l'erreur se fait sentir fatalement sur le méthane et il en résulte que l'analyse est complètement erronée.

De nombreuses méthodes ont été proposées pour faire ces séparations, et elles ont donné lieu à de multiples controverses, sans permettre de vaincre les principales difficultés.

Ainsi, dans le dosage des carbures non saturés, on a exécuté pendant de nombreuses années afin de savoir si le brome pouvait être employé à l'absorption de ces gaz, mais on n'a pas encore démontré irréfutablement s'il pouvait absorber complètement ces carbures.

Depuis Drehschmidt, on sait que l'absorption de l'oxyde de carbone par les solutions de chlorure cuivreux n'est pas complète, par conséquent, qu'il n'est pas possible d'employer ce réactif pour des analyses exactes. De nombreux auteurs ont trouvé que l'absorption de l'oxyde de carbone était plus parfaite avec une solution ammoniacale qu'avec une solu-

---

[1] L'azote, résistant à tous les moyens d'absorption ou d'oxydation dont on peut disposer en analyse industrielle, est toujours dosé par différence; c'est pourquoi je ne parlerai pas du dosage de ce gaz dans ce travail.

tion acide, et que la première exerçait une action dissolvante sur l'azote; mais, là encore, il n'existe point de travaux permettant de trancher nettement cette question.

Comme la méthode au chlorure cuivreux, la seule permettant de séparer volumétriquement l'oxyde de carbone des autres gaz, ne donnait pas de résultats précis et qu'une méthode exacte faisait totalement défaut, Smits Raken, Meerum Terwogt, proposèrent de faire cette séparation en faisant passer un volume de gaz connu sur de l'acide iodique placé dans un petit tube en U et chauffé à 150 degrés, et en absorbant par la potasse l'acide carbonique formé. Ils trouvèrent qu'il y avait dans cette réaction oxydation de l'hydrogène et, pour obvier à cet inconvénient, ils proposèrent des équations de corrections. Mais les résultats n'étant guère meilleurs, la méthode ne put entrer dans la pratique.

Il restait donc à étudier :

a) L'action du chlorure cuivreux sur l'hydrogène, le méthane et l'azote.

b) Une autre méthode de séparation volumétrique de l'oxyde de carbone.

Depuis quelques années, l'analyse du mélange d'oxyde de carbone, d'hydrogène et de méthane se faisant de plus en plus par combustion fractionnée sur l'oxyde de cuivre, il était important de connaître la valeur de cette méthode : Nemsjelow démontra que la séparation était parfaite dans l'analyse volumétrique; il était donc à présumer qu'elle le serait également dans l'analyse gravimétrique et il devenait nécessaire d'étudier la combustion de l'oxyde de carbone, de l'hydrogène et du méthane sur l'oxyde de cuivre.

On comprend aisément le rôle important que jouent les appareils dans l'analyse des gaz. Une méthode, excellente en principe, donne des résultats qui dépendent directement de la disposition des appareils avec lesquels elle est employée. Aussi, depuis quelques années, et surtout en Allemagne, on a compliqué les appareils sous prétexte d'arriver à plus d'exactitude. Cependant, en analyse industrielle, il importe beaucoup, tout en augmentant la précision des résultats, de diminuer la durée de l'analyse et de simplifier les appareils autant que possible.

Pour diminuer la durée de l'analyse, il faut augmenter la vitesse de l'absorption des gaz.

Les vases d'absorption employés dans les appareils industriels sont en général du type Orsat et constitués par un tube ayant la forme d'une pipette contenant le réactif. Ils communiquent avec le mesureur, cylindre gradué en centimètres cubes et fractions de centimètres cubes, par une extrémité, et par l'autre, avec un réservoir contenant le liquide absorbant. Dans ces laveurs, le gaz n'est en contact qu'avec la surface du réactif; on conçoit donc que, pour parvenir à une absorption totale, il faille un temps assez long. On a donc cherché à rendre ce contact plus intime en munissant les laveurs de dispositifs permettant de faire entrer le gaz dans le réactif, c'est-à-dire de l'y faire barboter. Le gaz traversant le liquide sous forme de bulles, plus celles-ci sont fines, plus le contact sera parfait. Pour augmenter encore la rapidité de l'analyse, on a cherché longtemps à produire ce barbotage d'une façon automatique afin d'éviter la manœuvre de robinets. On ne connaît que deux appareils automatiques, celui de Kleine et celui de Preuss, mais tous deux sont de construction difficile et, partant, très coûteux. Aussi ai-je combiné un vase d'absorption à barbotage automatique d'une construction facile et d'un prix de revient modique.

L'élimination des espaces nuisibles, espaces compris entre le mesureur et les flacons d'absorption, permet d'augmenter la précision de l'analyse, attendu que ces espaces atteignent souvent 1 et même 2 centimètres cubes.

On a bien essayé de supprimer ces espaces nuisibles dans certains appareils, mais devant l'imperfection des résultats atteints, j'ai cherché à construire, aussi bien pour l'analyse industrielle que pour l'analyse scientifique, des appareils plus pratiques que ceux connus jusqu'à présent.

Pour les recherches très précises, l'imperfection des pipettes à absorption est notoire. Il n'en existe pas une dont il soit possible d'extraire, au cours de l'analyse, le réactif qui y a été introduit. Ce point a cependant une grosse importance, car on pourrait alors faire subir au gaz, dans la même pipette, toute une série de traitements séparés, comme on le ferait en opérant sur la cuve à mercure.

Après avoir perfectionné les appareils pour les analyses, démontré quel procédé on devait employer pour doser l'oxygène et les carbures non saturés, trouvé une méthode de dosage de l'oxyde de carbone et, enfin, étudié l'analyse gravimétrique des gaz, j'ai appliqué ces méthodes à l'étude de la combustion du benzol dans les moteurs.

Ce travail montrera que seule l'analyse des produits de la combustion permet de se rendre compte, d'une façon précise, de la bonne utilisation du combustible, aussi bien pour un moteur que pour un foyer quelconque.

L'étude de l'influence de la charge, de la compression et de la quantité d'air sur la combustion du benzol dans les moteurs, doit être regardée comme un travail original, parce que, bien que la construction de ces moteurs soit parfaitement établie, on ne connaît néanmoins presque rien sur la marche de la combustion.

Ce travail est divisé en trois chapitres :

CHAPITRE I. — *Historique.*
CHAPITRE II. — *Études expérimentales.*
CHAPITRE III. — *Application.*

Chapitre I. — HISTORIQUE

§ 1. Méthode de combustion de l'hydrogène, de l'oxyde de carbone et du méthane.
2. Dosage de l'oxygène.
3. — des carbures non saturés.
4. — de l'oxyde de carbone.
5. — de l'hydrogène.
6. — du méthane.
7. Analyse gravimétrique.

Chapitre II. — ÉTUDE EXPÉRIMENTALE

§ 1. Appareils pour l'analyse industrielle et l'analyse scientifique.
2. Préparation et conservation des gaz.
3. Dosage de l'acide carbonique.
4. — de l'oxygène.
5. — des carbures non saturés.
6. — de l'oxyde de carbone.
7. Action des solutions de chlorure cuivreux sur le méthane, l'hydrogène et l'azote.
8. Dosage de l'hydrogène.
9. Résumé.
10. Étude de la combustion de l'oxyde de carbone, de l'hydrogène et du méthane par l'oxyde de cuivre.

Chapitre III. — APPLICATION

Étude de la combustion du benzol dans les moteurs.

CHAPITRE PREMIER

HISTORIQUE

§ 1. MÉTHODES DE COMBUSTION DE L'OXYDE DE CARBONE DE L'HYDROGÈNE ET DU MÉTHANE

La combustion de l'oxyde de carbone, de l'hydrogène et du méthane peut se faire par l'air ou l'oxygène :

Par explosion, sous l'influence d'une étincelle électrique ;

Par combustion lente, sous l'influence :

D'une spirale de platine incandescente,

D'un tube capillaire en platine,

Du palladium ou de l'amiante palladiée ;

Par l'oxyde de cuivre sans oxygène.

Méthode par explosion. — Cette méthode fut la seule employée jusqu'en 1885, époque à laquelle Coquillon utilisa la spirale de platine.

Malgré ses inexactitudes, cette méthode est très employée, surtout dans l'analyse industrielle, à cause de sa simplicité et de sa rapidité.

Dans chaque combustion, la quantité de gaz combustible ne doit être, par rapport au gaz comburant, ni trop grande, ni trop petite, parce que la combustion peut être incomplète ou ne pas se produire. L'explosion peut se faire avec une telle violence qu'une partie de l'azote contenu dans le mélange peut être oxydée et finalement transformée en acides nitreux ou nitrique.

Avec la pratique, on apprend bientôt à reconnaître quand on est ou non arrivé à la limite des capacités d'explosion, car on sait que celle-ci ne se produit qu'entre des limites bien déterminées. Dans les combustions complètes, la flamme est très vive et courte, tandis que dans les combustions incomplètes, on peut suivre la marche de la flamme dans l'eudiomètre.

Je ferai remarquer qu'il arrive souvent qu'une combustion est incomplète, même si elle s'est produite avec forte explosion, ainsi que le prouve le cas suivant, particulièrement démonstratif.

3o centimètres cubes d'un mélange CO, H^2, CH^4 sont additionnés de . . . . 75 cc. d'oxygène pur.

Le volume total est donc . . . . . 1o5 —

Après forte explosion, le volume devient 72 —

Après absorption de CO^2, le volume devient . . . . 68,4 —

On absorbe alors de l'oxygène jusqu'à un volume de. . . . . 41,2 —

On produit, avec l'étincelle, une nouvelle explosion, et le volume devient. 37,7 —

On absorbe CO^2 et le volume est . . 37,3 —

On absorbe de nouveau de l'oxygène jusqu'à avoir . . . . 19,8 —

On fait une troisième explosion et on a un volume de. . . . . 17,8 —

On absorbe CO^2 et on a finalement . 16,8 —

Après absorption de nouvelles quantités d'oxygène, le mélange ne fait plus explosion.

Si au lieu d'employer 75 centimètres cubes d'oxygène on en emploie 70, la combustion est totale après une seule explosion.

J'ai trouvé qu'un même gaz avec :

67,4 pour 1oo d'oygène ne détone pas, tandis qu'avec :

70,4 pour 1oo, on a une combustion totale, et avec :

72,2 pour 1oo, il n'y a pas de détonation.

On voit donc qu'il est essentiel de connaître approximativement la composition du gaz, de manière à éviter tout tâtonnement dans les proportions à employer pour effectuer les combustions; car les gaz ne brûlent bien qu'entre les limites suivantes, avec l'air comme comburant, d'après les expériences de EITNER.

Nature du gaz	Limite inférieure	Limite supérieure
CO	16,6	74,8
H^2	9,5	66,3
Gaz à l'eau	12,5	66,6
CH^4	6,2	12,7
C^2H^4	8,0	19,0
C^2H^2	3,5	52,2
C^6H^6	2,65	6,5

D'autre part, er   isant passer une série d'étincelles dans un mélange, on peut produire une combustion totale, ainsi :

13 centimètres cubes d'oxyde de carbone et
87   —   d'oxygène pur,

donnent 13 centimètres cubes d'acide carbonique en faisant passer dans le mélange des étincelles pendant cinq minutes.

On voit, par ce qui précède, combien il faut prendre de précautions pour obtenir de bons résultats avec cette méthode.

Combustion avec la spirale de platine. — Cette méthode est due à COQUILLON[1] qui l'employa pour la première fois dans son grisoumètre pour l'analyse de l'air des mines.

WINKLER lui donna une forme plus pratique, et enfin DENNIS, HOPKINS[2], en étudiant la méthode, fixèrent les conditions de son emploi et l'utilisèrent pour l'analyse exacte.

Ici, tous les inconvénients de la méthode précédente disparaissent : on n'a plus à craindre l'oxydation de l'azote, surtout si l'on emploie l'oxygène pour faire la combustion; on n'a pas à s'inquiéter des limites pour le mélange de l'oxygène avec le combustible; la combustion est toujours complète et n'est pas susceptible de provoquer l'explosion des appareils.

Comme il est possible de brûler une grande quantité de gaz à la fois, quantité variant de 30 à 60 centimètres cubes, suivant que l'on brûle l'oxyde de carbone ou le méthane pur, il est possible d'atteindre une assez grande exactitude.

[1] Coquillon, *Comptes rendus*, t. 83, p. 394 et 458.
[2] Dennis-Hopkins, *Zeitschrift für anorganische Chemie*, t. 19, p. 194-203.

Cette méthode a encore l'avantage de permettre de doser des petites quantités de gaz combustibles dilués dans des gaz inertes avec une approximation d'au moins 1/1.000[1].

Récemment, HEMPEL[2] a placé la spirale de platine dans un tube de quartz raccordé à ses pipettes. Ce dispositif est assez commode, mais l'instrument est alors d'une construction délicate.

Méthode au tube capillaire en platine. — ORSAT[3] fut le premier à employer les tubes en platine pour faire les combustions, mais il trouva que le méthane ne brûlait complètement qu'en présence de l'hydrogène. Ceci provenait du fait qu'il employait pour la combustion des tubes beaucoup trop gros

Fig. 1.

(7 millimètres de diamètre intérieur), comme l'a trouvé DREH-SCHMIDT[4], qui remplaça ce tube large par un capillaire. WINKLER[5] ajouta des petits réfrigérants en cuivre aux deux extrémités du tube de platine; ceci dans le but de refroidir les soudures a et b du platine aux tubes l l' de laiton, également capillaires. Les gaz de la combustion sont en même temps refroidis brusquement et l'oxydation de l'azote est ainsi évitée.

Cette méthode a l'avantage d'effectuer des combustions toujours complètes (ainsi, un gaz contenant

$$0,1 \text{ pour } 100 \text{ d'hydrogène et}$$
$$0,03 \text{ pour } 100 \text{ d'oxyde de carbone}$$

est totalement brûlé au rouge), mais elle présente l'inconvénient de laisser diffuser les gaz à travers le platine rouge après un long

[1] Gréhant, t. 143, p. 813-814.
— t. 144, p. 555-556.
— t. 146, p. 1199-1200.
[2] Hempel, *Zeitschrift für augewandte Chemie*, 1912, p. 1841.
[3] Orsat, *Annales des Mines*, 1875.
[4] Drehschmidt, *Berichte*, 21, p. 3242 et suivantes.
[5] Winkler, *Lehrbuch der technische Gasanalyse*, 1901.

usage, et comme ce métal est très coûteux, cet inconvénient enlève à la méthode un peu de sa valeur.

Méthode au fil de palladium. — BUNTE[1], l'auteur de cette méthode, brûle le gaz mélangé d'air en le faisant passer sur un fil de palladium placé dans un petit tube capillaire en quartz, comme le montre la figure 2.

Fig. 2.

Il peut ainsi séparer l'hydrogène et l'oxyde de carbone du méthane en brûlant les deux premiers gaz à une température d'environ 400 degrés, le méthane n'étant détruit qu'au rouge[2]. Comme le chauffage se fait avec un bec Teclu, il est très difficile de maintenir à peu près cette température de 400 degrés; d'autre part, si l'on fait passer le gaz trop rapidement sur le métal, on voit l'amiante A qui le touche en a et a' devenir incandescente, et si l'on sépare l'oxyde de carbone et l'hydrogène du méthane, il y a toujours combustion d'une partie de ce dernier gaz, ce qui oblige à recommencer l'analyse.

On conviendra qu'une méthode de conduite aussi délicate ne peut guère entrer dans la pratique.

Méthode à l'amiante palladiée. — Cette méthode, due à WINKLER[4], permet de séparer l'hydrogène et l'oxyde de carbone du méthane, mais ne permet pas de doser ce gaz, car pour la combustion il faudrait chauffer l'amiante au rouge, ce qui la réduirait en poudre et qui rendrait une nouvelle analyse presque impossible.

La conduite d'une analyse demande beaucoup de soins pour ne

[1] Bunte, *Journal für Gasbeleuchtung*, 1878, p. 203.
[2] F. Richart, *Journal für Gasbeleuchtung*, 1904, p. 590.
[3] Brunck, *Zeitschrift für angewandte Chemie*, 1903, p. 535.
[4] Winkler, *Technische Gasanalyse*, p. 86.

pas brûler de méthane. Phillips[1] propose de chauffer l'amiante à 100 degrés seulement, tandis que Charitschkoff[2] et Brunck[3] disent que, même à 100 degrés, on brûle toujours un peu de méthane.

Si l'on envoie le gaz rapidement sur l'amiante, il est inutile de chauffer, la température s'élève d'elle-même. Si l'on fait passer un gaz contenant 6 pour 100 de méthane à une vitesse de 100 centimètres cubes en une minute et demie, on brûle jusqu'à 25 et 30 pour 100 du méthane ; avec une vitesse de 100 centimètres cubes en quatre minutes on trouve 0 cc. 2 de méthane oxydé. Cette combustion provient tout simplement de l'échauffement local de l'amiante, mauvaise conductrice de la chaleur.

Cette méthode, passable pour Nemsjelow[4], est mauvaise pour Charitschkoff et Brunck. A mon avis, elle n'est pas pratique.

Méthode à l'oxyde de cuivre. — Elle a été employée par Rivot[5], Frésénius[6] et Stockmann[7] pour doser les gaz combustibles comme l'oxyde de carbone, l'hydrogène et le méthane, mais elle ne permettait pas de séparer ces gaz les uns des autres et ne donnait que le carbone et l'hydrogène qu'ils contenaient.

Ce fut Jager[8] qui, le premier, trouva un dispositif permettant de faire cette séparation volumétriquement. La combustion de l'hydrogène et de l'oxyde de carbone est faite à 250-300 degrés et le méthane est brûlé au rouge[9]. La contraction obtenue dans la première phase correspond à l'hydrogène, et l'acide carbonique formé en même temps donne son volume d'acide carbonique ;

[1] Phillips, *Journal of the american Chemical Society*, t. 23, p. 354.
[2] Charitchkoff, *Bulletin Société Chimique de France*, 3ᵉ série, t. 30, p. 927.
[3] Brunck, *Zeitschrift für augewandte Chemie*, t. 16, p. 695.
[4] Nemsjelow, *Zeitschrift für analytische Chemie*, t. 48, p. 232 à 272.
[5] Rivot, *Traité d'Analyse des substances minérales*, 1862, t. 2, p. 542.
[6] Frésénius, *Zeitschrift für analytische Chemie*, t. 3, p. 339.
[7] Stockmann, *id.*, t. 14, p. 47.
[8] Jäger, *Zeitschrift für augewandte Chemie*, 1899, p. 173.
[9] Knorre, *Chemiker Zeitung*, 1909, p. 717.
Nemsjelow, *Zeitschrift für analytische Chemie*, t. 48, p. 232 à 272.
Zopf, *Diplomarbeit Karlsruhe*, 1913.

aussi, en absorbant ce gaz, la diminution de volume observée fait connaître le méthane. On peut aussi doser l'éthane à côté du méthane, sachant que l'éthane brûle en donnant deux fois son volume d'acide carbonique.

Cette méthode est jusqu'à présent la meilleure pour le dosage d'un mélange d'oxyde de carbone et d'hydrogène, mais elle ne permet pas de doser sûrement des traces de méthane dilué dans d'autres gaz.

§ 2. DOSAGE DE L'OXYGÈNE

Par le pyrogallol. — CHEVREUL se servit d'acide gallique et de potasse pour absorber l'oxygène. LIEBIG, en 1851, utilisa le pyrogallol, et c'est depuis cette époque qu'on effectue facilement ce dosage.

Il fut bientôt reconnu par BOUSSINGAULT[1], CALVERT[2], CLOEZ[3], que, pendant l'absorption de l'oxygène, il se formait de l'oxyde de carbone en quantité variant avec la composition du gaz analysé et celle du réactif employé.

BERTHELOT[4] montra que l'absorption devait être faite avec un grand excès de potasse pour éviter la formation de l'oxyde de carbone et en employant une quantité de pyrogallol suffisante pour absorber quatre à cinq fois plus d'oxygène que le mélange mis en expérience n'en contient.

CLOWES[5] trouva qu'il ne se formait de l'oxyde de carbone que si le gaz analysé contenait plus de 28 pour 100 d'oxygène. En employant 5 à 10 grammes de pyrogallol dans 100 centimètres cubes d'eau où l'on a dissous 120 grammes de potasse, il ne s'en formait pas trace[6].

[1] Boussingault, *Comptes rendus de l'Académie des Sciences*, t. 55, p. 777.
[2] Calvert, *id.*, t. 57, p. 873.
[3] Cloëz, *id.*, t. 57, p. 885.
[4] Berthelot, *id.*, t. 126, p. 1066 à 1072.
[5] Clowes, *Proceeding chemical Industry*, 1895, p. 200.
[6] Poleck, *Zeitschrift für analytische Chemie*, t. 8, p. 45.
Winkler, *id.*, t. 12, p. 191.
Tacke, *Archiv für Physiologie*, t. 38, p. 401.
Leowes, *Journal of the chemical Industry*, t. 10, p. 407.

Il a été démontré[1] qu'une solution analogue absorbait les dernières traces d'oxygène d'un gaz et que l'analyse de l'air avec ce réactif donnait les mêmes résultats qu'avec les méthodes les plus exactes.

Ce réactif possède le grand avantage de se colorer en absorbant l'oxygène, et PFEIFFER[2] utilisa cette propriété pour doser des petites quantités de ce gaz dans un mélange.

A l'aide du phosphore. — On savait depuis longtemps que le phosphore s'enflammait dans l'air en absorbant l'oxygène. Ce fut LINDEMANN[3] qui résolut le problème d'une façon pratique. Pour l'absorption, il se servait de baguettes de phosphore placées dans un laveur d'Orsat et dans lequel il laissait le gaz pendant plusieurs minutes.

Ce réactif possède l'inconvénient de n'absorber l'oxygène que dans les mélanges où il y en a moins de 60 pour 100 et de n'en pas absorber si le gaz contient des traces d'hydrogène phosphoré (1/1.000), d'éthylène (1/400), d'acide sulfureux, acétylène[4]. L'absorption est aussi très fortement influencée par la température.

On a proposé récemment[5] d'absorber l'oxygène par une dissolution de phosphore dans l'huile de ricin. Cette solution peut être chauffée par une résistance électrique et être employée pour les absorptions à une température quelconque, et elle a aussi l'avantage de permettre d'absorber l'oxygène à toutes les concentrations.

Par l'hydrosulfite de soude. — SCHUTZEMBERGER utilisa ce réactif pour doser l'oxygène et en particulier celui qui est dissous dans l'eau. Ce réactif fut employé la première fois par PETTERSON, HÖGLUND[6].

[1] Hempel, *Gasanalytische Methoden*, 4e édition, p. 133.
[2] Pfeiffer, *Journal für Gasbeleuchtung*, 1897, p. 354.
[3] Lindemann, *Zeitschrift für analytische Chemie*, t. 18, p. 157.
[4] Hempel, *Gasanalytische Methoden*, 3e édition, p. 141.
Cl. Winkler, *Technische Gasanalyse*, 3e édition, p. 79.
Haber, *Habilitationsschrift*, 1896, p. 97.
O. Brunck, *Zeitschrift für augewandte Chemie*, 1903, p. 696.
[5] Centnerzwern, *Chemiker Zeitung*, 1910, p. 494.
[6] Petterson-Höglund, *Chemiker Zeitung*, 1889, p. 1706.

Il fut reconnu par Pfeiffer[1] que ce moyen d'absorption ne donnait pas de bons résultats et Franzén[2] résolut la question d'une façon très élégante.

Il employa, pour les absorptions avec la pipette de Hempel, une solution alcaline d'hydrosulfite de soude qu'il prépara en dissolvant 50 grammes de ce produit dans 250 centimètres cubes d'eau et en y ajoutant 40 centimètres cubes d'une solution de soude préparée avec 500 grammes de soude caustique et 700 centimètres cubes d'eau.

Pour les dosages effectués avec une burette de Bunte, il se servit de la solution suivante :

10 grammes d'hydrosulfite dans 50 centimètres cubes d'eau additionnés de 50 centimètres cubes de soude à 10 pour 100.

D'après Franzen, il suffit d'une agitation de trois minutes pour obtenir une absorption complète ; ce qui n'est pas bien démontré.

A l'aide du chlorure chromeux. — Ce corps est très avide d'oxygène et dégage en l'absorbant une grande quantité de chaleur. Il possède, malheureusement, l'inconvénient :

1° D'être très difficile à préparer à l'état pur ;

2° De donner lieu, au contact de l'eau et des moindres traces d'acide chlorhydrique, à un dégagement d'hydrogène.

Ce réactif a été recommandé par différents chimistes pour priver d'oxygène un courant de gaz[3], mais, à cause des inconvénients précédents, il n'est presque pas employé en analyse.

Il a, cependant, le très grand avantage de permettre le dosage de l'oxygène en présence de l'hydrogène sulfuré.

Par absorption à l'aide du cuivre et de l'ammoniaque. — Hempel[4] fut le premier à employer ce mode d'absorption.

Il a l'avantage, tout en étant très peu coûteux, d'absorber l'oxygène en grande quantité, à toutes les températures et avec

---

[1] Pfeiffer, *Journal für Gasbeleuchtung*, 1897, p. 494.
[2] Franzen, *Berichte*, 1906, p. 2069.
[3] Freiherr von der Pfordten, *Liebig's Annalen*, t. 228, p. 112.
J. Jannasch und von Meyer, *Berichte*, t. 19, p. 349.
Berthelot, *Comptes rendus de l'Académie des Sciences*, t. 126, p. 1066.
[4] Hempel, *Zeitschrift für analytische Chemie*, t. 20, p. 499.

une rapidité qu'aucun réactif ne peut égaler, mais il dissout, par contre, l'oxyde de carbone, ce qui réduit son emploi à quelques cas particuliers seulement, par exemple pour l'analyse de l'oxygène commercial.

A l'aide du réactif de Ronninck. — Ce réactif[1] est obtenu en mélangeant des solutions de sel de SEIGNETTE, de sulfate de fer et de potasse.

Il n'a qu'une faible capacité d'absorption et, comme le phosphore, il n'absorbe pas d'oxygène si le mélange gazeux en contient plus de 40 pour 100. Aussi ce réactif est-il peu employé.

Par l'oxyde manganoux. — PHILLIPS[2] détermine les petites quantités d'oxygène par une méthode analogue à celle que WINKLER[3] employait pour doser ce gaz dissous dans l'eau.

Le gaz est agité avec une solution de chlorure manganeux additionné d'un peu de soude. L'oxygène est absorbé et transforme l'oxyde manganeux en oxyde Mn^2O^3. En ajoutant ensuite au mélange une solution d'iodure de potassium et un peu d'acide sulfurique étendu, il se fait une quantité d'iode correspondante à Mn^2O^3 et par suite à l'oxygène. Cette quantité est déterminée par titration avec l'hyposulfite de soude.

Cette méthode a aussi été étudiée par LUBBERGER[4], mais elle n'a pas une très grande valeur, parce qu'elle ne permet pas de doser avec sûreté des quantités d'oxygène inférieures à 0,1 pour 100.

Il existe encore d'autres procédés pour doser l'oxygène ; par exemple :

En le combinant au bioxyde d'azote[5] ;

En le brûlant avec l'hydrogène ;

[1] De Konninck, *Zeitschrift für augewandte Chemie*, 1890, p. 727.
[2] Phillips, *American chemical Journal*, t. 16, p. 267 (1894).
[3] Winkler, *Zeitschrift für augewandte Chemie*, 1891, p. 105.
[4] Lubberger, *Journal für Gasbeleuchtung*, 1898, p. 695.
[5] G. A. Wanklyn, W. J. Cooper, *Chemical News*, t. 62, p. 155.
L. L. de Konninck, *Zeitschrift für augewandte Chemie*, 1891, p. 78.
Kreider, *Chemische Centrablatt*, 1887, t. 1, p. 75.
Scheurer-Kestner, *Bulletin de la Société Chimique de Mulhouse*, 1868.

Ou en l'absorbant par une spirale de cuivre chauffée au rouge par un courant électrique[1].

Ces trois procédés sont employés dans des cas particuliers, mais ne sont jamais utilisés dans l'analyse des gaz combustibles et des gaz de combustions ; aussi, nous ne les décrirons pas.

§ 3. DOSAGE DES CARBURES NON SATURÉS

Les carbures non saturés que l'on rencontre presque toujours dans les gaz combustibles et les produits de combustions sont : l'acétylène, l'éthylène et le benzol.

Le dosage séparé des deux premiers est sans difficultés, le brome les absorbant totalement si la dilution n'est pas trop grande. Mais la détermination du benzol, est l'objet de controverses nombreuses et l'on n'est pas fixé sur le procédé que l'on doit employer pour le doser.

La séparation des trois carbures non saturés fut pendant longtemps impossible et elle n'est réalisé que depuis quelques années.

Les chimistes n'étant pas d'accord sur le dosage du benzol, je passerai d'abord en revue leurs diverses opinions.

Dosage du benzol par l'eau de brome. — BERTHELOT[2] étudia la séparation des carbures lourds. Il trouva qu'à la température ordinaire, le benzol n'était pas bromé et que les carbures C^nH^n et C^nH^{n-1} étaient facilement transformés en bromures liquides.

Il absorbait donc C^2H^2 et C^2H^4 par le brome et le benzol par l'acide nitrique.

TRADWELL et STOKES[3] montrèrent que l'acide azotique oxydait en même temps l'oxyde de carbone et qu'après traitement par la potasse, ce gaz était absorbé à l'état d'acide carbonique. Ils montrèrent encore que l'eau de brome absorbait aussi complètement la benzine que l'acide sulfurique fumant.

---

[1] Hempel, *Gasanalytische Methoden*, 4ᵉ édition, p. 3o9.
[2] Berthelot, *Comptes rendus de l'Académie des Sciences*, t. 83, p. 1255.
[3] Tradwell et Stokes, *Berichte*, 1888, p. 3131.

Winkler[1] prétendait que l'absorption de l'éthylène et du benzol par le brome était incomplète.

Haber, Oechelhauser[2] dirent que l'absorption du benzol devait être complète, mais sans toutefois en donner de preuves. Ils expliquèrent que l'absorption était un phénomène purement mécanique.

La question en resta là jusqu'en 1902, époque à laquelle Korbuly[3], trouva que l'absorption était totale, et démontra que c'était par un phénomène physique.

Il trouva que les résultats avec l'eau de brome 1/10 normale étaient 0,13 pour 100 au-dessous de ceux fournis par l'acide sulfurique fumant, mais que si on faisait l'absorption avec l'eau saturée de brome, et contenant un excès de ce dernier, la disparition du benzol était totale. Il dit aussi que l'observation de Winkler n'était pas fondée et que les résultats s'expliquaient par le fait qu'il n'agitait pas le gaz avec l'eau de brome.

Malgré cela, de nombreux chimistes recommandent, pour cette absorption, d'employer l'acide sulfurique fumant; ce qui prouve que les avis sont toujours partagés.

Dans leurs essais, Treadwell et Korbuly, ne firent usage que de la pipette de Hempel, mais jamais ils n'utilisèrent la burette de Bunte, ce qui devait conduire à des résultats différents, en raison de la différence énorme entre les quantités du réactif mis en usage.

Il aurait été cependant très intéressant de savoir si l'absorption par l'eau de brome était réellement complète surtout, avec la burette de Bunte, puisque seul cet appareil peut être utilisé pour doser l'éthylène et l'acétylène à côte du benzol, par le procédé Haber (unique procédé permettant de faire ce dosage avec une précision notable).

Méthodes diverses. — Bunsen[4] dosait les carbures non saturés en les absorbant par l'alcool absolu.

[1] Winkler, *Zeitschrift für analytische Chemie*, t. 28, p. 269.
[2] Haber et Oechelhaüser, *Journal für Gasbeleuchtung*, 1900, p. 347.
[3] Korbuly, Inaugural Dissertation, Zurich, 1902.
[4] Bunsen, *Gasometrische Methoden*, 2ᵉ édition, p. 144.

E. Sainte-Claire Deville[1] condense la benzine et ses homologues supérieurs en faisant passer le gaz dans un serpentin refroidi à 20 degrés, et sépare les carbures par distillation fractionnée.

W. Hempel et L.-M. Dennis[2] prétendent que les deux méthodes précédentes ne donnent pas de bons résultats.

E. Muller[3] absorbe la benzine avec des huiles de paraffine refroidies à zéro.

Dennis, O'Neill[4] ont montré que l'absorption de ces carbures par l'alcool n'est jamais complète.

Hoffmann et Ruspert[5] recommandent pour dissoudre le benzol d'employer une solution ammoniacale de nitrate de nickel.

Harbeck et Lunge[6] absorbent les vapeurs de benzol avec l'acide nitrique et le transforment en dinitro-benzol qu'ils pèsent, tandis que Pfeiffer[7] dose ce dinitro-benzol au moyen du chlorure stanneux.

W. Lewes[8] dose les carbures non saturés en les absorbant à l'aide du brome dissous dans une solution de bromure de potassium.

Worstell[9], Engler, Stenke[10] dosent ces gaz au moyen du brome.

Dosage par l'acide sulfurique fumant. — Ce réactif a été recommandé par Winkler, pour effectuer ces absorptions, à la place du brome.

L'acide sulfurique fumant agissant par voie chimique, on conçoit qu'il permette d'arriver à une absorption totale.

De nombreux techniciens, comme Drehschmidt[11], Ficher[12],

[1] E. Sainte-Claire Deville, *Journal des Usines à gaz*, 1889, p. 13.
[2] W. Hempel et L.-M. Dennis, *Berichte* (1891), t. 24, p. 1162.
[3] Muller, *Journal für Gasbeleuchtung*, 1898, p. 433.
[4] Dennis, O. Niell, *Journal of the Chemical Society*, 1903, p. 503.
[5] Hoffmann et Kuspert, *Zeitschrift für anorganische Chemie*, 1897, p. 104.
[6] Harbeck et Lunge, *id.*, 1798, p. 41.
[7] Pfeiffer, *Chemiker Zeitung*, 1904 p. 884.
[8] W. Lowes, *Journal of the chemical Industry*, t. 6, p. 348.
[9] Worstell, *American Chemical Journal*, 1898, p. 264.
[10] Engler, Stenke, *Das Erdöl*, 1er volume, p. 269. 500, 503.
[11] Drehschmidt, *Berichte*, 1888, p. 3243.
[12] Ficher, *Chemiker Zeitung*, 1905. p. 261.

Hahn[1], Hankus[2] et d'autres, emploient l'acide sulfurique fumant à la place du brome.

Séparation de l'éthylène du benzol. — Cette question a été résolue par Haber, Oechelhauser[3]. Ils déterminent la somme des deux gaz en les absorbant par l'eau de brome ou l'acide sulfurique fumant. Ils agitent ensuite un nouveau volume de gaz avec de l'eau de brome titrée; après absorption, ils déterminent l'excès de brome en le titrant à l'aide de l'iodure de potassium et l'hyposulfite de soude. Avec la quantité de brome fixée ou disparue; le benzol n'étant pas bromé dans ces conditions, on calcule la quantité d'éthylène. 1 centimètre cube de solution normale d'hyposulfite de soude ou d'iode correspond à 1 cc 1195 d'éthylène.

Séparation de l'acétylène de l'éthylène et du benzol. — On absorbe d'abord le premier gaz avec quelques gouttes d'iodomercurate de potassium d'après Lebeau[4]; on détermine ensuite la somme d'éthylène et de benzol en les absorbant par l'acide sulfurique fumant. Sur un autre échantillon du gaz, on réabsorbe l'acétylène avec l'iodomercurate, puis, ensuite, on dose l'éthylène avec l'eau de brome titrée d'après le procédé de Haber. Le benzol correspond à la différence entre la somme éthylène-benzol obtenue par absorption par l'acide sulfurique dans le premier essai et la quantité d'éthylène trouvée par titration avec l'eau de brome dans le deuxième essai.

§ 4. DOSAGE DE L'OXYDE DE CARBONE

a) **Dosage par le chlorure cuivreux.** — Leblanc[5] observa le premier que l'oxyde de carbone était rapidement absorbé par le chlorure cuivreux, et avec une énergie comparable à celle dégagée par l'absorption de l'acide carbonique par la potasse.

[1] Hahn, *Journal für Gasbeleuchtung*, 1900, p. 347.
[2] Hankus, *Stahl und Eisen*, 1903, p. 261.
[3] Haber-Oëchelhauser, *Journal für Gasbeleuchtung*, 1900, 347.
[4] Lebeau et Damiens, *Bulletin Société Chimique de France*, 1913, p. 560.
[5] Leblanc, *Comptes rendus Académie des Sciences*, t. 30, p. 463.

A partir de cette époque, les solutions de chlorure cuivreux furent employées pour le dosage de l'oxyde de carbone, tant en analyse de précision qu'en analyse industrielle.

Winkler[1], en étudiant cette absorption, trouva que ce réactif absorbait complètement l'oxyde de carbone, et il publia que le dosage de ce gaz n'était pas difficile et que l'on avait dans un temps très court des résultats certains.

Exemples :

CO employé	CO trouvé
17,8	17,8
26,1	26,0
11,4	11,5

Markel[2], en 1885, remarqua qu'en traitant les gaz par les solutions de chlorure cuivreux, il se produisait souvent une augmentation de volume.

Hempel[3] prétendit que les augmentations n'étaient dues qu'à la mise en liberté de carbures comme l'éthylène, l'acétylène dissous dans le réactif lors d'une absorption antérieure.

Drehschmidt[4] montra que l'oxyde de carbone n'était pas combiné au chlorure cuivreux et qu'il était mis en liberté par l'agitation des gaz à analyser avec la solution du réactif ayant déjà dissous de l'oxyde de carbone au cours d'une analyse précédente.

Il montra que les solutions de chlorure cuivreux dans l'ammoniaque ou l'acide chlorhydrique fraîchement préparées, dans lesquelles on a fait dissoudre l'oxyde de carbone pur, abandonnaient un peu de gaz absorbé lorsqu'on les mettait en contact avec un autre gaz, de l'hydrogène, par exemple, comme le montrent les chiffres suivants :

[1] Winkler, *Zeitschrift für analytische Chemie*, t. 12, p. 197.
[2] Markel, *Berichte*, t. 20, p. 2344.
[3] Hempel, *Berichte*, t. 20, p. 2344.
[4] Drehschmidt, *Berichte*, t. 20, p. 2752,

	Solution ammoniacale.							Solution chlorhydrique.		
CO absorbé au préalable.	93,1	92,7	91,55	91,60	97,15	12,1	85,9	92,7	92,6	91,75
On agite les solutions avec 85 cc. d'hydrogène pendant : **16 minutes** (et on a les augmentations suivantes :)	»	»	0,50	1,25	1,20	1,35	1,80	»	»	3,05
3 ?	0,30	0,92	0,40	»	»	»	»	0,65	1,85	»
16 heures	»	0,10	·	»,10	»	»	0,50	»	1,80	3,05

DREHSCHMIDT[1] constata : 1° que l'hydrogène agité deux minutes avec une solution fraîchement préparée de chlorure cuivreux dans l'acide chlorhydrique, perdait 0,6 pour 100 de son volume ; 2° que la solution ayant dissous l'hydrogène, agitée avec de l'azote, cédait un peu de gaz.

Il prouvait donc que les solutions de chlorure cuivreux dissolvaient des gaz autres que l'oxyde de carbone et qu'elles perdaient une partie du gaz dissous en les agitant avec un autre gaz.

Il ajoutait ensuite que l'absorption de l'oxyde de carbone par le chlorure cuivreux en solution acide ou ammoniacale ne permettait pas d'obtenir des résultats certains.

LEYBOLDT[2] trouva qu'une solution de chlorure cuivreux ayant été un peu oxydée à l'air abandonnait de l'oxygène quand on l'agitait avec l'oxyde de carbone, mais WINKLER[3] prétendait que la remarque de LEYBOLDT devait être erronée, parce qu'il n'avait jamais pu déceler d'oxygène à l'aide de la coloration que prend le pyrogallate de potassium au contact de ce gaz.

WINKLER décrivit alors une méthode de dosage de l'oxyde de carbone, basée sur l'absorption par le chlorure cuivreux en présence de chlorure de palladium. La solution se colorant en noir par suite de la formation de palladium, d'après la réaction : $CO + PdCl_2 + H_2O = CO_2 + 2HCl + Pd$, il dosait, l'acide carbonique formé avec l'eau de baryte titrée, et le palladium colorimétriquement.

[1] Drehschmidt, *Berichte*, t. 21, p. 2158.
[2] Leyboldt, *Chemiker Zeitung*, 1888, p. 1277.
[3] Winkler, *Zeitschrift für analytische Chemie*, t. 28, p. 269.

Cette réaction était, d'après WINKLER, sensible à o cc. oi d'oxyde de carbone, mais il reconnut qu'elle était d'une exécution très délicate, par suite peu pratique, et il conseillait finalement de doser l'oxyde de carbone en l'absorbant par plusieurs agitations avec une solution ammoniacale de chlorure cuivreux.

D'autre part, TRADWELL[1] signale que, dans la réaction de WINKLER, l'apparition du palladium a lieu même en l'absence de CO, mais qu'il y a des concentrations avec lesquelles la réaction ne se fait qu'en présence de ce gaz.

Les difficultés qu'on rencontre pour parvenir à ces limites sont telles que le procédé devient inapplicable.

A. GAUTIER et CLAUSMANN[2] ont constaté aussi qu'une solution acide de chlorure cuivreux n'absorbe pas complètement l'oxyde de carbone, même après plusieurs agitations avec une quantité de réactif suffisante pour absorber le gaz, qu'un deuxième traitement diminue l'erreur, mais ne la fait pas disparaître et que l'oxyde de carbone est d'autant plus difficile à absorber que le gaz traité en contient moins.

CZAKO[3] prétend que le dosage de l'oxyde de carbone par le chlorure cuivreux ammoniacal, préparé d'après WINKLER, donne des résultats suffisamment exacts si on sait bien l'exécuter. Il indique de faire trois absorptions, chacune avec 5 centimètres cubes de réactif et en agitant pendant trois minutes.

b) Dosage à l'aide de l'acide iodique. — DITTE[4] constata le premier que l'anhydride iodique était réduit par l'oxyde de carbone, d'après l'équation

$$5\,CO + I^2O^3 = 5\,CO^2 + I^2.$$

REVERDIN et de LA HARPE[5] utilisèrent cette réaction pour la recherche de l'oxyde de carbone dans l'air et caractérisèrent l'iode provenant de la réaction à l'aide d'une solution d'empois

[1] Tradwell, *Traité d'Analyses minérales*, p. 512.

[2] A. Gautier, Clausmann, *Comptes rendus Académie des Sciences*, t. 145, p. 485.

[3] Czako, *Journal für Gasbeleuchtung*, 1914, p. 169-172.

[4] Ditte, *Bulletin de la Société Chimique de France*, 1870, p. 318.

[5] Reverdin et de la Harpe, *id.*, 1889, p. 163.

d'amidon; ils purent ainsi déceler 1/50.000 à 1/100.000 de ce gaz dans l'air.

A. GAUTIER et HELIER[1] trouvèrent que l'oxydation de l'oxyde de carbone était totale à 60-65 degrés. Ils déterminèrent l'iode en l'absorbant par le cuivre, et l'acide carbonique par la potasse.

NICLOUX[2] préfère absorber par la soude l'iode provenant de l'oxydation et le doser ensuite par le procédé de RABOURDIN, qui est le suivant : on met en liberté l'iode absorbé, au moyen de nitrite de soude et d'acide sulfurique, puis on le dissout dans le chloroforme et on compare les teintes obtenues avec celles de tubes témoins.

A partir de cette époque, la réaction de DITTE fut le sujet d'un nombre considérable de modifications n'ayant aucun avantage sur le procédé NICLOUX.

KINNICUT, SANDFORD[3] absorbent l'iode par une solution concentrée d'iodure de potassium et le déterminent par titration avec une solution 1/100 normale d'hyposulfite de soude, puis contrôlent le résultat obtenu en dosant l'acide carbonique, provenant de l'oxydation de l'oxyde de carbone, avec la baryte et l'acide oxalique titrés.

Ils ont trouvé que la réaction n'était complète qu'à 150 degrés seulement.

LIWINGSTON, MORGAN[4] trouvent aussi que, des méthodes précédentes, celle de KINNICUT est la meilleure, et font aussi l'oxydation de l'oxyde de carbone à 150 degrés, tandis que TOTH[5] et MARCELET trouvent la réaction complète à 60, 70 degrés.

LÉVY, PÉCOUL[6] dosent l'iode en le dissolvant dans le chloroforme et comparent la teinte obtenue avec une échelle de teintes étalons.

NOWICKI[7] trouve que la réduction de l'acide iodique est complète à 88 degrés.

[1] Helier, thèse de doctorat, *Recherches sur les Combinaisons Gazeuses*, Paris, 1896.
[2] Nicloux, *Annales de Chimie et de Physique*, 1898, p. 565.
[3] Kinnicut-Sandford, *Journal of the Chemical Society*, t. 22, p. 14,
[4] Liwingston-Morgan, *Zeitschrift für analytische Chemie*, t. 46, p. 773.
[5] Toth, *Chemiker Zeitung*, 1907, p. 98.
Marcelet, *Bulletin Société Chimique de France*, 4ᵉ série, t. 3, p. 505.
[6] Lévy Pécoul, *Comptes rendus Académie des Sciences*, t. 142, p. 162-98.
[7] Nowicki, *Chemiker Zeitung*, t. 31, p. 98, 99.

Toutes les méthodes précédentes ne peuvent être employées que pour les analyses pondérales et servir à la détermination de petites quantités d'oxyde de carbone dans l'air. La première tentative faite pour employer cette réaction dans les analyses volumétriques est due à Smits Raken, Mennum, Terwoot[1] qui, en constatant qu'il n'existait pas de méthode exacte pour doser ce gaz dans le gaz d'éclairage, essayèrent de l'oxyder, avec l'acide iodique, en acide carbonique, facile à absorber.

Ils utilisèrent pour cela un petit tube en U rempli d'acide iodique, communiquant d'un côté avec une pipette et de l'autre avec une burette de Hempel. Ils envoyèrent le gaz mesuré sur l'acide chauffé à 150 degrés. L'oxyde de carbone était oxydé et ils absorbaient l'acide carbonique formé avec de la potasse; la différence du volume avant et après la réaction correspondait à l'oxyde de carbone. Ils trouvèrent en même temps qu'il y avait oxydation d'un peu d'hydrogène et de méthane et donnèrent, pour obvier à cet inconvénient, des formules de corrections.

Gill, Bartlett[2] trouvèrent que la méthode de Smits Raken ne donnait pas de bons résultats, qu'elle n'était pas pratique et que la méthode à l'acide iodique s'appliquait mal à la détermination de grosses quantités d'oxyde de carbone.

On voit donc que jusqu'à présent on n'a pas encore résolu le problème de la séparation volumétrique de l'oxyde de carbone de l'hydrogène ou du méthane. Cette séparation est, pour certains chimistes, réalisable sans difficultés, l'hydrogène ne réagissant pas sur l'acide iodique, tandis que pour d'autres il y a réaction.

Il était donc très important :

1° De voir si réellement l'hydrogène était attaqué par l'acide iodique et à quelle température ;

2° De perfectionner la méthode de Smits Raken, excellente en principe, mais incorrecte en pratique.

C'est ce que j'ai fait dans la deuxième partie de ce travail.

c) **Méthodes diverses.** — En dehors des méthodes basées sur

---

1 Smits Raken, Mecrum Terwogt, *Zeitschrift für augewandte Chemie*, 1900, p. 1002.
2 Gill. Bartlett, *Chemical News*, t. 101, p. 61-62. — *Journal of Ind. and Engin. chem.*, t. 2, p. 9 à 11.

l'emploi du chlorure cuivreux ou de l'acide iodique, on a trouvé un très grand nombre de méthodes pour la recherche de l'oxyde de carbone dans l'air.

Comme elles ne possèdent sur la réaction de DITTE aucun avantage, je me contenterai de les signaler. Ce sont :

Méthode au chlorure de palladium, utilisée la première fois par BŒTTGER[1] et proposée par BRUNCK[2], POTAIN[3] et F. JEAN[4]. Elle est basée sur la propriété que possède l'oxyde de carbone de réduire les solutions de chlorure de palladium en mettant le métal en liberté. La présence de ce gaz est accusée par une coloration noire de la solution.

Méthode au nitrate d'argent, signalée par BERTHELOT[5] et perfectionnée par MERMET[6] et HABERMANN[7].

Méthode au chlorure d'or, examinée par A. GAUTIER[8] et par DONAU[9].

Méthode à l'oxyde de mercure, spécialement étudiée par MOSER[10] pour le dosage de l'oxyde de carbone dans le gaz d'éclairage.

Méthode à l'oxyde d'argent, étudiée par SCHLAGDENHAUFEN et PAGEL[11], et par NEMSJELOW[12].

§ 5. DOSAGE DE L'HYDROGÈNE

Par combustion avec l'oxygène. — Tout ce que j'ai dit au sujet des méthodes de combustion avec l'oxygène trouverait encore place ici.

[1] Bœttger, *Journal für praktische Chemie* (1858), t. 76, p. 233.
[2] Brunck, *Zeitschrift für augewandte Chemie*, 1912, p. 2479.
[3] Potain, *Comptes rendus Académie des Sciences*, t. 126, p. 938.
[4] F. Jean., *ibid.*, t. 135, p. 746.
[5] Berthelot, *ibid.*, t. 112, p. 597.
[6] Mermet, *ibid.*, t. 124, p. 499.
[7] Habermann, *Zeitschrift für augewandte Chemie*, 1892, p. 323.
[8] A. Gautier, *Comptes rendus Académie des Sciences*, t. 126, p. 871.
[9] Donau, *Monatshefte für Chemie*, 1905, p. 265.
[10] Moser, *Zeitschrift für analytische Chemie*, 1914, p. 17.
[11] Schlagdenhaufen, Pagel, *Comptes rendus Académie des Sciences*, t. 129, p. 309.
[12] Nemsjelow, *Zeitschrift für analytische Chemie*, t. 42, p. 232, 272.

Par combustion avec l'oxyde de cuivre. — Cette méthode est seule digne d'attention et elle permet, avec les appareils de UBELLOHDE et de CASTRO[1] ou de HOHENSEE, de faire des analyses assez exactes.

Méthodes par absorption. — JACQUELIN[2] absorbait l'hydrogène au moyen de potassium. L'absorption commençait à 200 degrés et était finie à 300-400 degrés. Il essaya d'employer un alliage liquide de rasodium et de potassium qu'il plaçait dans une pipette; mais cette méthode, peu pratique, fut vite abandonnée.

HEMPEL[3] trouva que le palladium oxydé à l'air permet d'absorber complètement l'hydrogène, tandis qu'il est sans action sur les autres gaz.

PAAL et HARTMANN[4] ont proposé d'absorber l'hydrogène en le fixant, sous l'influence du palladium colloïdal, sur une substance organique facile à réduire, comme l'acide picrique.

Dans cette réaction, o gr. 2 d'acide picrique peut absorber, d'après la théorie, 174 cc. 7 d'hydrogène; pratiquement, les auteurs ont pu lui en faire absorber 173 centimètres cubes.

Cette méthode donne de bons résultats dans l'analyse des gaz riches en hydrogène. Elle est très employée dans les industries où l'on fabrique ce gaz, surtout en Allemagne.

§ 6. DOSAGE DU MÉTHANE

Ce gaz résistant à tous les moyens d'absorption, on ne peut le doser que par combustion.

On peut brûler ce gaz avec l'oxygène, à l'aide : 1° de l'explosion; 2° du fil de platine incandescent; 3° du fil de palladium (d'après BUNTE); 4° du tube capillaire en platine. Si le gaz est sensiblement pur, la méthode par l'explosion donne de bons

---

[1] Ubellohde et de Castro, *Journal für Gaxbeleuchtung*, 1911, p. 810.
[2] Jacquelain, *Annales de Chimie et de Physique*, t. 74, p. 203.
[3] Hempel, *Berichte*, t. 20, p, 401.
[4] Paal et Hartmann, *Berichte*, t. 43, p. 2684.

résultats, mais s'il est mélangé d'azote, ce procédé n'est plus aussi sûr (voir page 11-13). Le fil de platine incandescent, le fil de palladium et le tube capillaire de platine donnent aussi de bons résultats, mais le meilleur procédé est la combustion à l'aide du fil de platine incandescent.

La combustion sur l'oxyde de cuivre peut être employée dans l'analyse industrielle, mais, pour les analyses rigoureuses, elle n'est pas suffisante, car elle donne toujours des résultats un peu faibles.

§ 7. ANALYSE GRAVIMÉTRIQUE

Lorsqu'il s'agit de doser, dans un mélange, de petites quantités de gaz combustibles, il arrive fréquemment qu'on ne peut résoudre le problème d'une façon suffisamment exacte en faisant des analyses volumétriques. On est obligé de mettre en œuvre une grande quantité de gaz pour pouvoir déterminer les constituants avec précision ; alors l'analyse gravimétrique s'impose.

PREMIÈRE MÉTHODE : Combustion sur l'oxyde de cuivre. — FRÉSÉNIUS[1], STOKMANN, GRASS, WAGNER, BUNTE employèrent cette méthode pour déterminer le carbone et l'hydrogène des gaz analysés, mais elle ne semble pas avoir été utilisée pour la séparation gravimétrique de l'oxyde de carbone de l'hydrogène et du méthane, comme elle l'est volumétriquement.

DEUXIÈME MÉTHODE : Combustion avec le palladium métallique. — HABER[2] employa le premier la méthode de BUNTE (voir page 15) pour l'analyse pondérale.

Cette méthode fut étudiée par F. RICHARDT[3], élève de HABER,

---

[1] Frésénius, *Zeitschrift für analytische Chemie*, t. 3, p. 339.
Stökmann, *id.*, t. 14, p. 47.
Grass, *id.*, t. 7, p. 391.
Wagner, *id.*, t. 19, p. 434.
Bunte, *id.*, t. 20, p. 563.
[2] Haber, *Habilitationsschrift München*, 1896.
[3] E. Richardt, *Zeitschrift für anorganische Chemie*, t. 38, p. 65.

qui faisait passer l'oxyde de carbone ou l'hydrogène, mélangé d'air, sur des fils de palladium de o mill. 4 d'épaisseur, de 1 mètre de longueur, enroulés en spirale sur une distance de 5o centimètres et placés dans un serpentin de verre de 3 millimètres de diamètre intérieur. Ils ont obtenu à 4oo degrés une combustion complète des deux gaz, et ils ont trouvé que le méthane n'était pas attaqué au-dessous de 45o degrés.

Dans un mélange d'oxyde de carbone, d'hydrogène et de méthane, ils brûlaient d'abord les deux premiers gaz avec le palladium à 4oo degrés et oxydaient le troisième dans un tube capillaire en platine chauffé au rouge.

Des deux méthodes précitées, la première a l'avantage de ne pas nécessiter l'addition d'air au gaz pour en faire la combustion, l'oxygène étant fourni par l'oxyde de cuivre; elle est donc plus intéressante que la seconde, aussi en ai-je fait une étude spéciale.

CHAPITRE II

ÉTUDE EXPÉRIMENTALE

§ 1. APPAREILS POUR L'ANALYSE INDUSTRIELLE ET POUR L'ANALYSE SCIENTIFIQUE

a) APPAREILS POUR L'ANALYSE INDUSTRIELLE

La détermination de la composition des gaz dans l'industrie est de plus en plus nécessaire pour la conduite des appareils producteurs de chaleur, afin d'utiliser aussi complètement que possible les calories fournies par les divers combustibles.

C'est pourquoi on a cherché à perfectionner les procédés d'analyse pour rendre les résultats plus exacts, tout en conservant, ce qui est nécessaire, la simplicité des méthodes.

Il ne faut pas perdre de vue, en effet, que les appareils doivent être transportables et doivent être maniés par des contremaîtres ou même par des ouvriers. Il ne faut donc pas leur demander une très grande précision, qui, d'ailleurs, serait souvent illusoire.

Depuis quelques années, et surtout en Allemagne, on a compliqué les appareils existants, sous prétexte d'arriver à plus d'exactitude. C'était une erreur, car, pour les analyses industrielles, il n'y a presque rien à modifier aux appareils d'Orsat et de Vignon.

Le principe de tous les appareils employés actuellement est l'appareil d'Orsat.

Appareil Orsat — Cet appareil étant connu, je ne le décrirai pas: Je dirai seulement qu'on lui a fait subir de nombreuses modifications portant, les unes, sur le remplacement des robinets en verre par des robinets en métal ou en caoutchouc; les autres, par la forme de la rampe raccordant les laveurs au mesureur, et sur celle des tubes à absorption.

De plus, les plus nombreux efforts ont été faits pour augmenter la vitesse de l'absorption. Comme je l'ai dit, page 4, le meilleur moyen de parvenir à ce résultat, est de faire barboter le gaz en très fines bulles dans la solution.

On est arrivé[1] à ce résultat en munissant le laveur d'un robinet à trois voies dont une forme est donnée par la figure n° 3. Ces robinets compliquant encore les manipulations, on a cherché à produire automatiquement ce barbotage. Deux appareils seulement, ceux de KLEINE et de PREUSS, permettent d'obtenir ce résultat. Ils n'ont que l'inconvénient d'être difficiles à construire et partant très coûteux.

Fig. 3.

PREMIER PERFECTIONNEMENT. — Pour remplacer ces appareils d'absorption, j'en ai construit un qui est, comme on peut voir, relativement simple et facile à construire[2] (fig. 4 et 5) Il fonctionne de la manière suivante (fig. 5) : en envoyant le gaz du mesureur dans le laveur, les soupapes 1 et 2 sont abaissées. 1 livre passage au gaz qui arrive par le tube *t* et qui est obligé de traverser la solution, puis se trouve en contact avec des morceaux de verre, imprégnés de réactif, qui servent à compléter l'absorption. En aspirant le

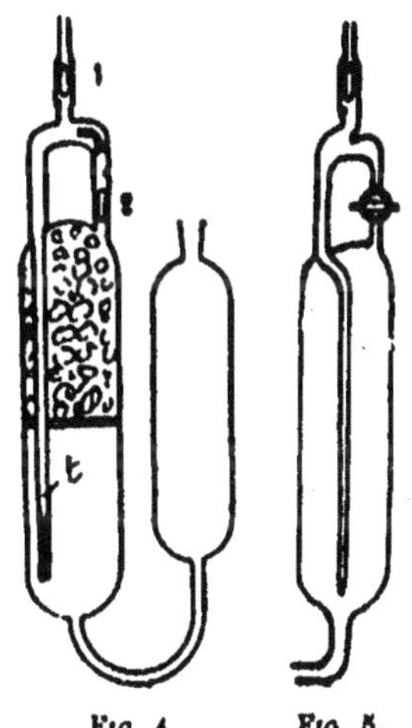

Fig. 4.   Fig. 5.

[1] Reidiger, *Journal für Gasbeleuchtung*, 1903, p. 531.

Bendemann, *id.*, 1906, p. 853.

Hahn, *id.*, 1906, p. 367.

Hankûs, *Stahl und Eisen*, 1903, p. 261.

Nowicki, *OEsterreicher Zeitschrift für Berg. u. Hüttenwesen*, 1905.

[2] E. Mauguin, *Annales de Chimie analytique*, 1914, p. 219.

gaz ainsi lavé, la soupape 2 est soulevée, le liquide qui la recouvre va dans le tube *t*, et le réactif montant toujours, soulève finalement la soupape 1 et ferme la communication entre le laveur et le mesureur.

Cet appareil possède les avantages suivants :

1° Il accélère notablement la vitesse de l'absorption du gaz;

2° Il ramène le réactif du laveur à une hauteur toujours rigoureusement la même ;

3° Il empêche l'entrée du réactif dans la rampe de l'appareil.

4° Il abrège la durée de l'analyse.

Le seul moyen d'augmenter l'exactitude de l'analyse, avec les appareils ordinairement employés dans l'industrie, est d'éliminer les espaces nuisibles de l'appareil.

En effet, il est évident que si l'on mesure 100 centimètres cubes de gaz et que les espaces nuisibles (espaces formés par les tubes réunissant les différentes parties de l'appareil) occupent un volume de 2 centimètres cubes, on ne fera plus l'analyse de 100 centimètres cubes de gaz, mais bien de 100 + 2.

On conçoit aisément que le meilleur moyen d'éliminer ces espaces est de les garnir. Cette opération n'est pas possible sans employer une autre forme de rampe dans l'appareil.

DEUXIÈME PERFECTIONNEMENT. — J'ai construit un appareil (figure n° 6), dans lequel l'élimination de ces espaces nuisibles est très facile et pratique, grâce à l'emploi de robinets à trois voies à écartement symétrique.

Il est composé : 1° d'un mesureur M, relié à F[1], flacon pression à eau, par un tube en caoutchouc; 2° de trois tubes à absorptions, décrits page 35 et reliés entre eux et au mesureur à l'aide de robinets à trois voies R², R³, R⁴, qui sont raccordés ensemble à l'aide de morceaux de tubes en caoutchouc.

Pour faire une analyse, on opère de la façon suivante : en soulevant F et tournant R⁴ dans la position P³, on remplit le mesureur avec l'eau salée et on ferme S. On met R⁴ dans la position P⁴, puis R² et R³, comme P³ et P²; on ouvre S et abaisse F,

---

(1) F, flacon pression, n'est pas représenté sur la fig. n° 6 (voir fig. 7).

le réactif du laboratoire 1 est aspiré jusqu'à la hauteur de S^1 et ne peut aller plus loin. On met alors R^2 dans la position P^1, puis on emplit à nouveau le mesureur avec l'eau et on fait monter jusqu'en S^2, S^3 le liquide des laveurs 2 et 3, par des manœuvres analogues. Lorsque les trois laveurs sont garnis avec le réactif, on garnit les espaces nuisibles entre R^1 et R^4 avec de l'eau salée ; il suffit, pour cela, de faire mettre les robinets R^1, R^2, R^3, R^4 dans la position P^1 ; on soulève F jusqu'à ce que l'eau arrive dans le petit entonnoir E ; on place alors le robinet R^4 dans la position P^1.

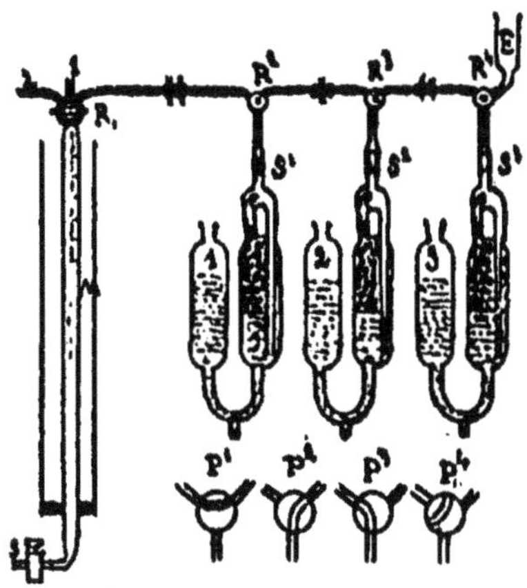

Fig. 6.

On réunit alors R^1 par le tube 2, également rempli d'eau, avec le récipient contenant le gaz à analyser, puis on abaisse F et on remplit M avec le gaz, dont on mesure 100 centimètres cubes, puis on met R^1 dans la position P^2.

Pour absorber l'acide carbonique du gaz, on soulève F et tourne lentement R^1 pour le rapprocher de la position P^1, de façon à chasser en E l'eau salée comprise entre R^1 et R^2 ; on place alors R^2 dans la position P^3, le gaz est alors obligé de traverser le réactif du laveur : lorsqu'il y est tout introduit, on abaisse F et le réactif chasse le gaz lavé et revient à la hauteur de S^1 ; on répète une deuxième fois cette manipulation pour bien absorber le gaz carbonique, puis, lorsque le laveur est bien rempli, on met R^2

dans la position P¹, et en tournant légèrement R⁴, on laisse couler un peu d'eau contenue en E pour chasser le gaz de la rampe; on amène alors le niveau de l'eau du réservoir l' à la hauteur de celle du mesureur et on lit le nouveau volume; la différence avec 100 donne l'acide carbonique.

Pour absorber l'oxygène ou l'oxyde de carbone, les manipulations sont rigoureusement les mêmes.

Les appareils d'ORSAT ne peuvent être employés que lorsqu'une grossière approximation est suffisante pour l'oxyde de carbone, parce que les résultats qu'on obtient pour ce gaz sont toujours erronés, même en employant deux pipettes à chlorure cuivreux pour l'absorber. Ils ne permettent d'obtenir que trois résultats : acide carbonique, oxygène, oxyde de carbone.

Il est donc nécessaire de pouvoir doser, en même temps que ces gaz, l'hydrogène, le méthane et l'azote.

Comme il est absolument certain que le dosage de l'oxyde de carbone par le chlorure cuivreux donne des résultats erronés, et que l'erreur est reportée sur le méthane qui devient d'autant plus fort que l'oxyde de carbone est plus mal absorbé, il est donc essentiel, pour déterminer le méthane, l'hydrogène et l'oxyde de carbone, de brûler ces trois gaz avec l'oxygène et de calculer les résultats à l'aide d'équations eudiométriques.

Appareil Vignon. — M. le professeur L. VIGNON créa, le premier, un appareil qui permet de faire ce genre de combustion.

Son appareil n'est autre chose qu'un appareil d'ORSAT dans lequel le laveur à chlorure cuivreux est remplacé par un eudiomètre. Comme dans l'appareil d'ORSAT, l'influence des espaces nuisibles sur l'exactitude de l'analyse n'est pas négligeable. Le procédé de combustion qui y est employé possède les avantages et les inconvénients de la méthode par explosion (voir p. 11 à 12).

Les dosages de l'acide carbonique et de l'oxygène, avec cet appareil, se font de la même façon qu'avec celui d'ORSAT.

Après absorption de ces deux gaz, on conserve 30 centimètres cubes du gaz résiduel, on l'additionne de 70 centimètres cubes d'oxygène pur, et on l'envoie par fraction dans l'eudiomètre et on le fait détoner. Après combustion, on détermine la contraction, l'acide carbonique formé, on absorbe l'oxygène en excès et on obtient ainsi l'azote du gaz. Ces trois résultats permettent de calculer CO, H^2, CH^4, N^2 contenus dans le mélange gazeux privé d'acide carbonique et d'oxygène.

PERFECTIONNEMENT. — Les modifications que j'ai apportées à l'appareil VIGNON sont les suivantes :

1° Élimination des espaces nuisibles en changeant la forme de la rampe.

2° Remplacement de l'eudiomètre par une pipette à combustion

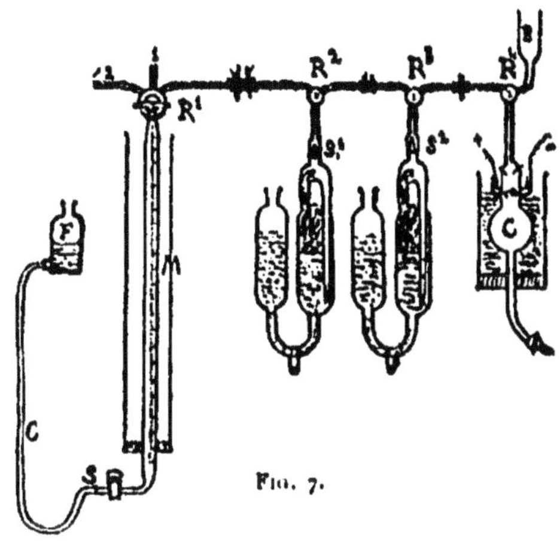

Fig. 7.

avec spirale de platine que l'on porte à l'incandescence à l'aide d'un courant électrique. Ce mode de combustion est préférable à la méthode à l'explosion, parce qu'il permet plus rapidement d'arriver au résultat cherché.

3° Augmentation de la vitesse d'absorption des gaz en employant mes laveurs à fonctionnement automatique (voir p. 35).

Avec ces modifications, j'ai obtenu l'appareil représenté par la figure 7. Il est semblable à celui que j'ai décrit (p. 36), avec cette seule différence que le laveur à chlorure cuivreux y est remplacé par une pipette à combustion. On fait le dosage de l'acide carbonique et de l'oxygène en opérant exactement comme avec l'appareil précédent. Il reste alors dans le mesureur un volume V du gaz contenant donc l'oxyde de carbone, l'hydrogène et le méthane; on rejette une partie de ce gaz et on n'en conserve qu'un nouveau volume v de 30 ou 40 centimètres cubes. Par le tube 2, on introduit 60 ou 70 centimètres cubes d'oxygène pur, dont on a déterminé préalablement le résidu r laissé par 100 centimètres cubes après lavage à l'hydrosulfite et au pyrogallol (voir p. 17 et 18). On envoie alors le mélange ainsi obtenu dans la pipette à combustion. La combustion terminée, on ramène le gaz dans le mesureur, on garnit la rampe avec l'eau salée, puis on détermine la contraction K, l'acide carbonique n formé par la combustion absorbe l'oxygène en excès et on note le résidu R ainsi obtenu.

Les volumes du méthane, de l'hydrogène, de l'oxyde de carbone et de l'azote se calculent à l'aide des équations suivantes :

Azote $= R - r_0$ (r_0 est le résidu laissé par le volume d'oxygène employé pour la combustion et tiré de r).

Hydrogène $= V' - n$ (V' est égal à v, moins le volume d'azote trouvé ci-dessus).

$$\text{Méthane} = \frac{2\,n - 3\,V + 2\,K}{3}.$$

$$\text{Oxyde de carbone} = \frac{n + 3\,V - 2\,K}{3}.$$

Les chiffres ainsi obtenus devront être multipliés par un coefficient Q pour être ramenés au volume V, de manière à avoir le pourcentage de tous les gaz du mélange primitif :

$$Q = \frac{V}{v}.$$

EXEMPLE D'ANALYSE

Volume du gaz mesuré	100,0	CO² o/o $= 1,8$.
— — après absorption de CO².	98,2	
— — — — de l'oxygène.	97,8	O o/o $= 0,4$.
— — conservé pour la combustion $= v =$.	32,6	O introduit $= 70$ cc.
— — après addition de l'oxygène	102,6	
— — après combustion	51,5	Contraction K $= 51,1$.
— — absorption de CO² formé	46,2	$n = 5,3$.
— — — de l'O non utilisé	1,0 $= R =$	
— du résidu laissé par 100 cc. d'oxygène $=$	1,0	
— — — 70 cc. d'oxygène $=$	0,7 $= r_0$.	

Calculs.

$$\text{Azote} = R - r_e = 1 - 0,7 = 0,3 \quad \ldots \ldots \ldots \qquad \text{Azote o/o} = 0,3 \times 3 = 0,9.$$

$$V' = v - \text{Azote} = 32,6 - 0,3 = 32,3 \quad \ldots \ldots$$

$$H^2 = V' = n = 32,3 - 5,3 = 27 \quad \ldots \ldots \ldots \qquad H^2 \text{ o/o} = 27 \times 3 = 81.$$

$$CH^4 = \frac{2n + 2K - 3V}{3} = \frac{10,6 + 102,2 - 96,9}{3} = 5,3. \qquad CH^4 \text{ o/o} = 5,3 \times 3 = 15,9.$$

$$CO = \frac{n + 3V - 2K}{3} = \frac{5,3 + 96,9 - 102,2}{3} = 0. \qquad CO \text{ o/o} = 0.$$

$$Q = \frac{V}{v} = \frac{97,8}{32,6} = 3.$$

$$
\begin{aligned}
\textit{Résultats.} - CO^2 \text{ o/o} &= 1,8 \\
O &= 0,4 \\
H^2 &= 81,0 \\
CH^4 &= 15,9 \\
CO &= 0,0 \\
N &= 0,9 \\
\hline
&100,0
\end{aligned}
$$

Remarque. — Si l'on doit analyser un gaz contenant des carbures non saturés, on ajoutera à l'appareil une pipette contenant de l'acide sulfurique fumant pour les absorber.

b) Appareils pour analyse scientifique.

Pendant longtemps on n'employa que les appareils de Bunsen et de Regnault, avec lesquels les opérations duraient fort longtemps ; malgré les très nombreuses modifications qui y furent apportées par une foule de chimistes, ils sont complètement abandonnés depuis l'apparition d'un nouveau procédé, pour déterminer les volumes, imaginé par Petterson, qui est le suivant :

La détermination du volume des gaz se fait avec un appareil dont le principe fondamental est le suivant :

Un mesureur M communique avec un tube C, fermé à son extrémité inférieure, par un tube capillaire D, courbé comme le montre la figure n° 8. Les tubes M et C sont placés côte à côte dans un manchon à eau servant à égaliser la température des deux tubes.

Dans le tube capillaire, on introduit une goutte de pétrole lourd coloré par un peu d'azobenzène, de manière à avoir un petit curseur liquide c de 4 à 5 millimètres séparant M de C.

Il est évident, que si l'on enferme en M un volume quelconque de gaz et que l'on mette M et C en communication, le curseur sera refoulé vers C ou aspiré vers M, suivant que le gaz contenu en M aura une pression supérieure ou inférieure à celle du gaz enfermé en C.

Donc, en ramenant toujours le curseur dans sa même position, le gaz mesuré en M sera dans des conditions de température et de pression rigoureusement les mêmes après l'analyse qu'avant.

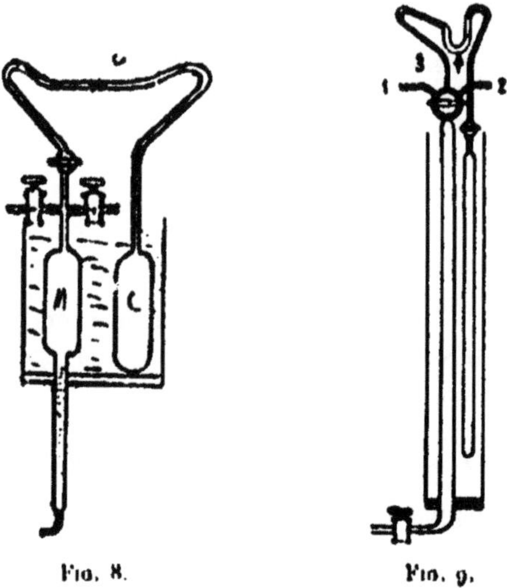

Fig. 8.　　　　　　　　　Fig. 9.

Les appareils actuellement employés ne diffèrent de celui-ci que par la forme du mesureur ou plutôt du robinet dont il est muni; le système du compensateur n'a sensiblement pas changé.

A mon avis, le plus pratique, parce qu'il permet de faire des manipulations impossibles avec d'autres, est celui qui est représenté par la figure 9 [1].

Il se compose d'un tube gradué en dixièmes de centimètres cubes, muni d'un robinet à trois voies à écartement symétrique, et qui permet de mettre les tubes 1 et 2 en communication entre

[1] E. Mauguin, Appareils pour l'analyse exacte (*Annales Chimie analytique*, août 1914).

eux ou séparément avec le mesureur. Le robinet est muni en outre d'un quatrième tube 3, qui permet de faire correspondre le mesureur avec le compensateur. La clef du robinet est percée de telle façon que lorsqu'on fait communiquer le tube gradué avec le système de compensation, le tube 3 ne correspond avec rien.

Absorption des gaz. — Dans la plupart des laboratoires, on se sert pour l'absorption des gaz des pipettes de HEMPEL ou de DOYÈRE, mais, pour l'analyse exacte, cette pratique est doublement défectueuse, car :

1° Avec ces pipettes, on introduit fatalement dans le gaz de petites quantités d'air, ce qui enlève à l'analyse son caractère de rigueur, et, d'autre part, cette pratique offre trois causes d'erreurs générales, communes à tous les appareils où une masse limitée de dissolvant est employée dans l'analyse de mélanges différents. L'analyse n'est correcte que pour l'absorption des gaz susceptibles de donner avec les dissolvants des composés non dissociables et dans lesquels le corps dissous ne possède aucune tension, ce qui est le cas, par exemple, des vapeurs acides absorbées par la potasse. Mais si le gaz absorbé conserve une tension sensible, comme cela arrive pour l'oxyde de carbone dissous dans le chlorure cuivreux, son absorption est limitée. Il faut donc répéter l'absorption dans une seconde pipette contenant le même réactif intact ; on peut arriver ainsi à une élimination presque totale, mais elle est toujours incomplète.

En tout cas, il est essentiel de ne pas oublier que, dans les mesures de ce genre, les liquides contenus dans les pipettes deviennent impropres à une seconde analyse.

2° Le dissolvant préparé dans les conditions ordinaires, au contact de l'air, est saturé des gaz de l'air et, lorsqu'on l'agite avec le gaz analysé, il partage avec ce gaz l'azote et l'oxygène qu'il tenait en dissolution. Par suite, il en altère la composition à un certain degré, non négligeable dans les essais précis.

Réciproquement, le dissolvant se sature des gaz sur lesquels il n'a pas exercé d'action notable, suivant la nature des mélanges analysés et des réactifs. En raison de cette altération, le dissolvant cédera une partie de ces gaz aux mélanges gazeux sur lesquels on voudrait le faire agir ensuite. Pour parer à ces causes d'erreurs, on a proposé de saturer à l'avance le dissolvant dans sa pipette même avec les gaz du mélange final, avec lequel il est destiné à demeurer en contact. C'est là un artifice particulier à certains cas, mais incorrect en principe dans tous les cas.

Ces causes d'erreurs sont inhérentes à tout appareil où une même masse de dissolvant est mise successivement en contact avec différents mélanges gazeux, ce qui est particulièrement le cas des appareils industriels. Elles sont fort atténuées lorsque le solvant est employé sous de faibles volumes et renouvelé à chaque opération.

Pipettes d'absorption. — DREHSCHMIDT a créé le premier un

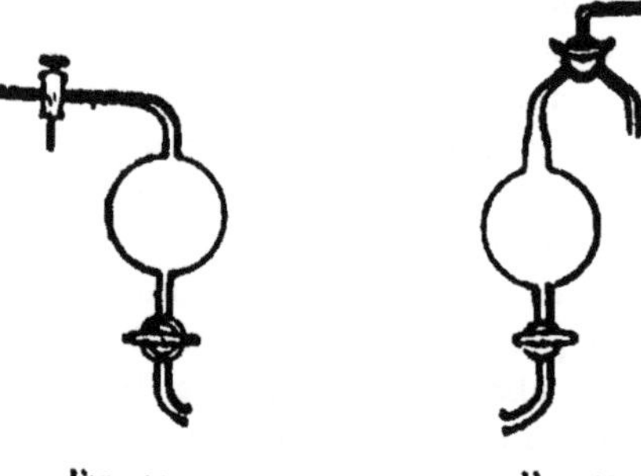

Fig. 10.　　　　Fig. 11.

genre de pipette (fig. 10 et 11) qui permet dans certains cas d'éviter l'emploi de ces grosses masses de réactif. Sa pipette, fig. 10, donne la possibilité de laver le gaz avec une quantité de réactif que l'on peut régler à volonté, mais quand on veut traiter le gaz par un produit attaquant le mercure, comme l'acide sulfurique fumant ou l'acide nitrique, elle ne peut plus être utilisée. Cela tient à ce qu'elle ne permet pas d'éliminer au cours de l'analyse le réactif qui y est introduit.

PERFECTIONNEMENT. — J'ai surmonté cette difficulté en employant la pipette représentée par la figure suivante[1], n° 12 :

---

[1] E. Mauguin, *Annales Chimie analytique*, août 1914, p. 219.

Elle est constituée par une boule munie de deux robinets à trois voies à écartement symétrique. Le robinet supérieur sert à réunir la pipette au mesureur; il est aussi muni d'un petit entonnoir dont on verra plus loin l'utilité. Le robinet inférieur permet de mettre la boule en communication par 2' avec un flacon pression à mercure et d'y introduire le réactif et aussi de l'en retirer après l'absorption par 1'.

Avec une seule pipette de cette forme, on peut faire subir au gaz toutes sortes de traitements, même par des réactifs attaquant le mercure.

Exemple. — Veut-on traiter un gaz par l'acide sulfurique fumant; on abaisse le réservoir à mercure et on élimine le mercure de la pipette en le faisant s'écouler par le tube 2', relié par un caoutchouc à un réservoir à mercure; on enlève par le tube 1', avec le vide d'une trompe, l'eau qui peut surnager le mercure. On y introduit de l'acide sulfurique à 66 degrés Baumé pour absorber l'eau restant sur les parois de la boule et ne pas diluer l'oléum qu'on introduira pour le traitement; on aspire ensuite l'acide sulfurique et on le remplace par l'acide fumant et on agite pour faire l'absorption. Lorsque celle-ci

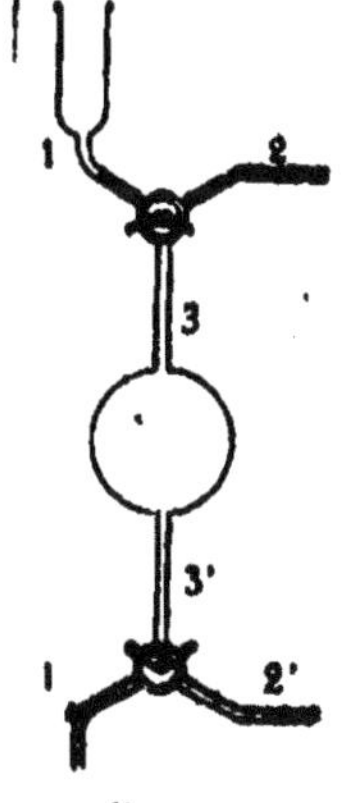

Fig. 12.

est finie, on aspire l'acide à l'aide du vide et on le remplace par un peu d'acide sulfurique à 5o degrés Baumé pour diluer sans grand dégagement de chaleur l'oléum restant sur les parois de la pipette, puis on aspire finalement cet acide. On lave alors la boule avec de l'eau, puis on absorbe les vapeurs acides par la potasse et on relave à l'eau; on enlève celle-ci et on la remplace par le mercure qu'on laisse entrer à nouveau par 2'. Le gaz ainsi traité peut être envoyé dans le mesureur.

Tous ces traitements sont faits sans peine et sans perdre la moindre trace de gaz.

§ 2. PRÉPARATION ET CONSERVATION DES GAZ

a) PRÉPARATION DES GAZ

Oxygène. — S'obtient très aisément par la décomposition du bioxyde de sodium par l'eau, en présence de catalyseurs, tels que les sels de fer, de nickel ou de cobalt, d'après le procédé JAUBERT. Il suffit d'introduire un pain de cet oxyde dans un flacon plein d'eau bouillie et saturée d'acide carbonique et d'y appliquer rapidement le bouchon, qui est muni d'un tube à dégagement et d'un siphon pour enlever l'eau à mesure qu'elle est déplacée par l'oxygène qui se forme.

Hydrogène. — S'obtient en décomposant l'amalgame de sodium par l'eau, en opérant exactement comme pour l'oxygène. Ce procédé n'est pratique que si l'on veut préparer de petites quantités de ce gaz. Si on veut le préparer par le zinc et l'acide sulfurique ou l'aluminium et la soude, on doit le purifier en le faisant passer dans la potasse, puis à travers un serpentin en cuivre chauffé au rouge. Il perd ainsi toutes ses impuretés, sauf l'azote.

Méthane. — Se prépare avec le maximum de commodité par décomposition du carbure d'aluminium par l'eau légèrement acidulée. Si le carbure n'est pas très pur, le gaz obtenu contient presque toujours des traces d'acétylène, d'éthylène et d'hydrogène qu'on élimine en faisant passer le gaz mélangé d'environ 1 pour 100 d'oxygène pur à travers un serpentin en cuivre chauffé au rouge sombre.

Oxyde de carbone. — La décomposition de l'acide formique par l'acide sulfurique concentré permet d'obtenir ce gaz tout à fait pur. Il suffit pour cela de faire tomber goutte à goutte de l'acide formique à 90 pour 100 sur de l'acide sulfurique à 66 degrés Baumé chauffé à 150 degrés. Un simple lavage du gaz par la potasse donne un gaz pur.

Acétylène. — On l'obtient pur en décomposant l'acétylure d'argent au moyen du cyanure de potassium. Cet acétylure se prépare aisément en faisant passer un courant d'acétylène purifié dans une solution acide de nitrate d'argent. L'acétylure est lavé, essoré et introduit dans un ballon, et on y fait couler lentement un solution de cyanure de potassium à 10 pour 100 dans l'eau. Le dégagement est réglé par l'écoulement de cette solution. La décomposition se fait à froid, elle est terminée lorsque la disparition de l'acétylure est totale.

La décomposition de l'acétylure de cuivre par l'acide chlorhydrique ne permet pas d'obtenir un gaz pur.

Ethylène. — La réduction du bromure d'éthylène par le couple zinc-cuivre, permet d'obtenir un gaz pur après lavage à l'acide sulfurique concentré et la soude.

La préparation de ce gaz par déshydratation de l'alcool par l'acide phosphorique à 200 degrés fournit un gaz pur.

Azote. — Se prépare en chauffant dans un ballon des solutions saturées de nitrite de soude et de chlorure d'ammonium. Le gaz obtenu est aisément purifié en le faisant passer sur le cuivre au rouge.

REMARQUES. — Dans ces préparations, il est très recommandable de remplir les appareils générateurs avec de l'acide carbonique et de laver le gaz final avec de la potasse. Cet artifice a pour but de remplacer l'air des appareils par un gaz facile à séparer du mélange final. Les appareils de lavage doivent être aussi petits que possible pour contenir moins d'air; il est à conseiller d'utiliser le laveur de A. GAUTIER, qui possède le maximum d'efficacité pour un volume extrêmement réduit.

Pour priver d'oxygène le gaz préparé, on le fait passer dans un serpentin en cuivre de 6 millimètres de diamètre. Les extrémités de ce tube sont refroidies avec des petits réfrigérants à eau, de façon à rendre plus commode le raccordement des différentes parties de l'appareil.

b) CONSERVATION DES GAZ

On conserve les gaz sur des liquides dont la nature varie avec le gaz et le genre d'essai à effectuer. Si l'exactitude recherchée n'est pas très grande, on peut employer l'eau salée; dans le cas contraire, on doit recourir au mercure.

L'eau salée rend de très grands services. Avec elle, on peut conserver à peu près tous les gaz, sans trop en modifier la composition.

Pour bien mettre en évidence les grandes différences qui existent entre les divers réactifs généralement employés, j'ai déterminé pour chacun d'eux la quantité de gaz carbonique qu'un volume égal pour tous pouvait dissoudre. Pour cela, dans une burette de BUNTE, j'ai agité, dans tous les cas, 100 centimètres cubes d'acide carbonique avec 10 centimètres cubes du réactif à essayer pendant cinq minutes.

Les résultats obtenus sont consignés dans le tableau suivant :

Nature du réactif	CO_2 o/o absorbé
Eau	16,6
Eau avec 10 o/o d'HCl	16,0
— 10 o/o d'SO^4H^2	16,2
Eau saturée de sel	3,1
— de chlorure de calcium	1,4
— — de magnésium	1,2

Bien que la solubilité des gaz soit plus faible dans les solutions de chlorure de calcium ou de magnésium que dans les solutions de chlorure de sodium, les solutions de ce dernier corps sont cependant presque toujours employées, parce qu'il est bien plus facile de se les procurer.

Quoique l'eau salée diminue la solubilité des gaz, elle ne permet pas de conserver des gaz exempts d'oxygène ou d'azote sans prendre des précautions spéciales.

Pour arriver à ce résultat, il faut que l'eau salée, soit elle-même privée de ces deux gaz et qu'elle ne soit jamais en contact avec l'air atmosphérique. Le meilleur moyen d'y parvenir est de chasser, au moyen d'une longue ébullition, l'oxygène et l'azote qu'elle tient en dissolution et de la saturer d'acide carbonique. Ce gaz souillera celui qu'on voudra conserver, mais on le purifiera très aisément par simple lavage avec de la potasse.

Un excellent procédé pour faire cette opération est le suivant : Dans un ballon en verre mince ou mieux en verre d'Iéna, de 6 ou 7 litres de contenance, on fait bouillir l'eau salée pour bien chasser les gaz qui y sont dissous, puis on ferme le ballon avec un bouchon de caoutchouc traversé de trois tubes dont le premier a la forme d'un siphon et dont la grande branche est fermée par un petit caoutchouc; le deuxième est un tube ordinaire droit, arrivant au milieu du récipient et fermé à l'aide d'un robinet ; le troisième est un tube à dégagement, muni d'un caoutchouc et et d'une pince ou d'un robinet. La vapeur produite par l'ébullition s'échappe par ce troisième tube et entraine les moindres traces d'air qui sont dans le ballon. Lorsqu'on juge que les gaz dissous ont été chassés, on arrête le chauffage de l'eau et l'on coupe la communication avec l'air extérieur en fermant le troisième tube ; on envoie alors par le tube droit un

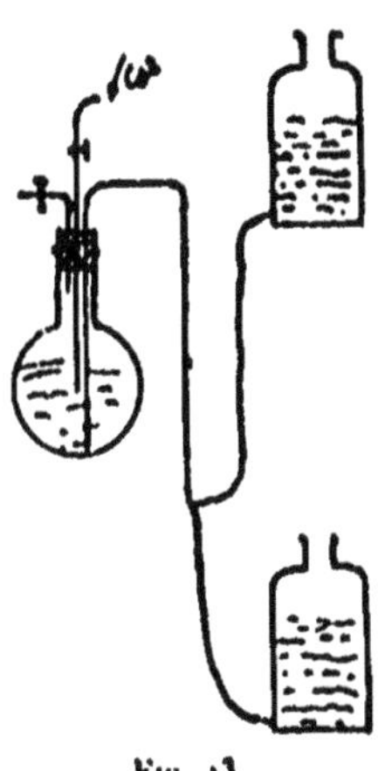

Fig. 13.

courant d'acide carbonique, et on refroidit à la température ordinaire. Le gaz à conserver est alors introduit dans le ballon par le tube à dégagement, tandis que, l'eau qu'il déplace s'écoule par le siphon et est conduite, au moyen d'un tube en caoutchouc, dans un récipient préalablement rempli avec de l'acide carbonique. Pour l'usage, le gaz conservé sera chassé du récipient avec l'eau qu'il a déplacée, et qui est saturée d'acide carbonique. La figure ci-dessus permet de se rendre compte du dispositif.

En opérant ainsi, j'ai pu conserver de l'acide carbonique pendant plusieurs jours sans que sa teneur en CO_2 ait varié de o,1 pour 100.

Pour remplacer les gazomètres à mercure, qui n'ont que l'inconvénient d'être très coûteux, sans perdre les avantages de ceux-ci, j'ai construit l'appareil suivant, représenté par la figure n° 14.

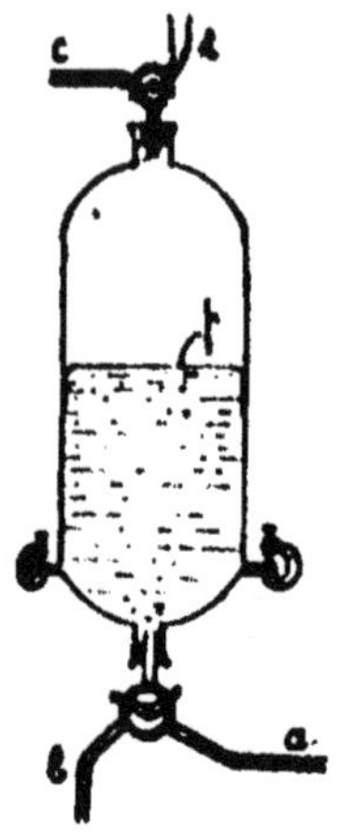

Fig. 14.

C'est tout simplement une cloche en verre de forme allongée, dans laquelle on fait glisser un piston p en caoutchouc, que l'on déplace à l'aide d'eau sous pression envoyée par a ou par aspiration de celle-ci par b. Le piston, frottant fortement contre les parois de la cloche, empêche l'eau qui le déplace d'entrer en contact avec le gaz qui est au-dessus.

Dans le cas où le gaz recueilli contient des vapeurs, de benzol, par exemple, que le caoutchouc peut absorber, il suffit de le recouvrir avec une mince couche de mercure.

Cet appareil peut être construit avec des cloches de plusieurs litres de capacité.

§ 3. DOSAGE DE L'ACIDE CARBONIQUE

Dans le premier chapitre, Historique, je n'ai pas parlé du dosage de ce gaz, parce que tout le monde sait, depuis très longtemps, qu'il est absorbé par la potasse et qu'il n'y a pas de moyens plus commodes pour le doser.

Un très grand nombre de travaux ont été effectués sur le dosage de l'acide carbonique dans l'air, mais, comme ils sont en dehors du cadre de ce travail, je n'en parlerai pas.

Sur le dosage de ce gaz par les méthodes volumétriques ou pondérales qui nous intéressent, il y a cependant quelques remarques importantes à faire, à savoir que : les solutions même concentrées de potasse n'absorbent pas l'acide carbonique quand il est en très petite quantité dilué dans une grande masse de gaz ; ainsi, si l'on fait passer une dizaine de litres d'air (qui contient, comme on le sait, de faibles quantités de gaz carbonique) dans une solution de potasse, puis dans de l'eau de baryte, on voit celle-ci se troubler très nettement, ce qui démontre l'incomplète absorption par la potasse. En analyse gravimétrique, pour des essais très précis, cette erreur ne doit pas être négligée ; aussi le meilleur moyen d'absorber l'acide carbonique est de le faire passer sur de la baryte hydratée et humide.

Dans les analyses volumétriques, j'ai trouvé que l'on pouvait déceler, à l'aide de l'eau de baryte o cc. o1 de CO_2 dans 100 centimètres cubes d'un gaz quelconque, seulement en observant le trouble produit.

§ 4. DOSAGE DE L'OXYGÈNE

D'après ce qui précède (p. 17 et suiv.), les moyens les mieux indiqués pour absorber l'oxygène, dans le genre d'analyses qui nous intéresse, se résument à trois :

1° Absorption par le phosphore ;
2° Absorption par le pyrogallol ;
3° Absorption par l'hydrosulfite de soude.

Le premier procédé ne permet pas d'absorber l'oxygène dans un mélange qui en contient plus de 60 pour 100, et, par suite, ne peut être employé dans les analyses où l'on fera la combustion du mélange CO, H_2, CH_4, N_2 au moyen de l'oxygène pur ; puisqu'après avoir déterminé la contraction, et l'acide carbonique provenant de la combustion, on doit absorber l'oxygène en excès pour permettre de calculer la quantité de ces gaz, et que le résidu de la combustion contient dans la plupart des cas plus de 60 pour 100 d'oxygène, on ne pourra pas l'absorber par le phosphore (I).

Le pyrogallol permet d'absorber très rapidement l'oxygène à toutes les concentrations ; mais ce réactif possède le grave inconvénient de donner lieu à une formation d'oxyde de carbone. Il est vrai qu'avec de certaines concentrations d'acide pyrogallique et de potasse, il ne se forme pas de ce gaz, mais alors la puissance d'absorption des solutions est très faible ; de plus, ces solutions sont très coûteuses.

L'hydrosulfite de soude a, sur le phosphore, l'avantage d'absorber l'oxygène à toutes les concentrations, de ne pas être

influencé par la présence de gaz tels que l'éthylène ou l'acétylène, et il ne possède pas, comme le pyrogallol, l'inconvénient
de donner de l'oxyde de carbone. En outre, il est extrêmement
bon marché.

En résumé, je trouve qu'aussi bien pour les analyses industrielles que pour les analyses scientifiques, il est préférable d'absorber la majeure partie de l'oxygène par un peu d'hydrosulfite
de soude et les dernières traces par lavage avec le pyrogallate de
potasse.

Pour la recherche de traces de ce gaz, on ne peut utiliser que
le phosphore ou le pyrogallol. Le premier émet des fumées
blanches en sa présence, tandis que le deuxième se colore en
brun plus ou moins foncé.

Le premier réactif ne peut être utilisé pour l'analyse volumétrique, mais seulement pour rechercher ou pour éliminer
l'oxygène d'un courant gazeux. J'ai trouvé que l'apparition des
fumées est encore sensible avec o,o3 pour 100 d'oxygène, tandis
que, par la coloration que prend le pyrogallol, on en peut déceler
o,o15 à o,o2 pour 100.

Pour employer ce dernier procédé, il faut opérer de la façon
suivante : le gaz est introduit dans une burette de Bunte qu'on
lave intérieurement avec quelques centimètres cubes d'eau dis-
tillée récemment bouillie. On dissout dans une capsule une petite
quantité de pyrogallol avec un peu d'eau privée d'air, et on
introduit la solution dans la burette par le robinet inférieur;
par le petit entonnoir de l'appareil, on y fait entrer 1 ou 2 centimètres cubes d'une solution de potasse, elle aussi, bien exempte
d'air par ébullition, et on agite. La moindre trace d'oxygène
s'accuse par suite de la coloration que prend la solution. Il est
aussi recommandable de se servir, pour ces manipulations, d'eau
bouillie et conservée sous l'acide carbonique, afin d'éviter l'absorption de l'air.

§ 5. DOSAGE DES CARBURES NON SATURÉS

Dans une analyse complète, le dosage exact de ces gaz a une
très grosse influence sur la détermination des autres constituants.

En effet, si la benzine, l'éthylène ou l'acéthylène ne sont pas totalement absorbés, lorsqu'on fera la combustion du mélange oxyde de carbone, hydrogène, méthane, l'acide carbonique et la contraction formés ne correspondent plus à CO, H^2, CH^4 seulement, mais en même temps au carbure non saturé ayant échappé à l'absorption ; il en résulte donc que l'analyse est complètement fausse et les erreurs peuvent être très grandes.

Il est donc de la plus haute importance de posséder un bon procédé d'absorption de ces gaz.

Les deux principaux procédés sont :

1° Emploi de l'eau de brome ;

2° Emploi de l'acide sulfurique fumant.

J'ai déjà dit que les avis sur la valeur de l'eau de brome étaient très partagés ; j'ai donc repris l'étude de ce moyen d'absorption.

En faisant comparativement l'analyse d'un même gaz avec trois procédés différents, à l'aide d'une burette de BUNTE, j'ai trouvé avec :

Eau de brome	Acide sulfurique fumant	Acide nitrique
5,63	6,6o	6,38
5,67	6,62	6,4o pour 100

de gaz absorbables, en agitant cinq minutes, avec 20 centimètres cubes de chaque réactif, 100 centimètres cubes du gaz à analyser.

Avec un autre gaz, j'ai trouvé :

Eau de brome	Acide sulfurique fumant	Acide nitrique
6,38	7,70	7,63
6,41	7,75	7,60

En analysant un mélange de benzol et d'air, avec l'eau de brome et l'acide sulfurique fumant, j'ai trouvé avec une burette de BUNTE :

Eau de brome	Acide sulfurique fumant
2,8	4,8
2,9	4,8
3,o	4,8 pour 100

de vapeur de benzine, en agitant cinq minutes avec 20 centimètres cubes de chaque réactif.

Un mélange de vapeur de benzine et d'hydrogène analysé avec l'eau de brome, l'acide sulfurique fumant et l'acide nitrique, contient :

Eau de brome

1,70 o/o de $C^6 H^6$, après cinq minutes d'agitation
2,70 o/o — quinze — —

Acide sulfurique fumant	Acide nitrique
4,60	4,02
4,60	4,50

Ces essais, parfaitement d'accord avec ceux de WINKLER[1], montrent que l'absorption du benzol par l'eau de brome est très mauvaise.

J'ai effectué un grand nombre d'analyses de ce genre, et après l'absorption par l'eau de brome, avec la burette de BUNTE, j'ai toujours constaté, qualitativement, la présence du benzol dans le gaz résiduel, soit en l'absorbant à l'aide de l'acide nitrique et en reconnaissant l'odeur de la nitrobenzine, soit en faisant brûler le gaz qui donnait une flamme plus ou moins éclairante.

KORBULY ayant trouvé que l'absorption était totale en employant des pipettes de HEMPEL avec l'eau de brome contenant un excès de ce dernier, j'ai contrôlé ses essais en opérant comme il indiquait ; pour vérifier l'absorption totale du benzol dans son mélange avec l'air, je dosais ce carbure dans le produit final de l'absorption en le brûlant avec l'air sous l'influence de la spirale de platine incandescente.

Un volume de vapeurs de benzine exige sept fois et demi son volume d'oxygène pour être totalement oxydée en acide carbonique et eau. Après combustion, il y a six volumes de CO^2 formés. Après absorption de ce gaz par la potasse, la contraction observée sera donc égale au volume de benzine plus sept fois et demie son volume d'oxygène, c'est-à-dire, huit fois et demie le

[1] Winkler, *Zeitschrift für analytische Chemie*, t. 28, p. 269.

volume de la benzine. Donc, la contraction trouvée, divisée par
8,5 donne la proportion de vapeur de benzol.

On voit donc que o cc. 1 de benzol est accusé par une diminution de volume de o cc. 85 après lavage à la potasse. Il est donc aisé de reconnaître, et avec précision, s'il reste encore du benzol non absorbé par l'eau de brome ou un autre réactif.

Voici quelques analyses d'un mélange de vapeurs de benzol et d'air faites avec de l'eau de brome contenant un excès de ce ce dernier, en opérant avec une pipette à boules de HEMPEL :

Volume du mélange benzol-air .	80,8	86,5	90,4	92,35
Volume après absorption par l'eau de brome	78,4	84,1	87,1	89,2
Volume après combustion et lavage par la potasse	76,7	82,8	84,6	88,3
Benzine non absorbée	o cc. 2	o cc 152	o cc. 294	o cc. 106

Ceci montre incontestablement que, même en agitant le mélange benzol et air avec l'eau de brome contenant même un excès de ce dernier, l'absorption est incomplète.

Il est donc maintenant certain que le dosage des vapeurs de benzine dans un gaz avec de l'eau de brome, et surtout dans une burette de BUNTE, donne des résultats sans valeur, et que la détermination de l'éthylène et du benzol dans un mélange d'après le procédé de HABER[1] doit être précédée d'une absorption de ces gaz par l'acide sulfurique fumant.

Pas une seule fois, sur une centaine d'expériences que j'ai faites, je n'ai pu constater l'absorption complète par le brome ; au contraire, par l'acide sulfurique fumant, elle l'a toujours été.

J'ai, par contre, constaté que l'absorption de l'éthylène ou de l'acétylène par l'eau de brome était toujours complète et plus rapide qu'avec l'acide sulfurique fumant.

J'ai trouvé aussi que l'acide sulfurique à 66 degrés Baumé, activé par 1 pour 100 d'acide vanadique, d'après LEBEAU et DAMIENS[2], donnait des résultats aussi rapidement que l'eau de brome pour le dosage de l'éthylène et de l'acétylène, et aussi complets que l'acide fumant pour la benzine.

[1] Haber, *Journal für Gasbeleuchtung*, 1899, p. 697.
[2] Lebeau et Damiens, *Bulletin Société Chimique de Paris*, 1913, p. 560.

En résumé, le meilleur moyen de déterminer la somme des carbures non saturés dans un gaz d'éclairage ou un gaz de combustion est de les absorber par l'acide sulfurique fumant à 15 pour 100 d'SO^3, en agitant pendant quatre ou cinq minutes avec quelques centimètres cubes de réactif.

Pour la séparation de C^2H^2 et de C^2H^4 de C^6C^6, il n'y a rien à ajouter à ce que j'ai dit page 24.

§ 6. — DOSAGE DE L'OXYDE DE CARBONE

Comme l'acide iodique oxyde complètement l'oxyde de carbone, il était évident qu'on pouvait l'employer aussi pour l'analyse volumétrique.

Smits-Raken[1], qui eurent les premiers cette idée, n'obtinrent pas de bons résultats, parce qu'ils dosaient en une seule fois des quantités trop fortes d'oxyde de carbone et qu'ils opéraient avec des appareils défectueux.

En étudiant ce procédé de dosage, j'ai trouvé qu'il fallait conduire l'analyse comme il suit :

1° Absorber la majeure partie de l'oxyde de carbone par lavage avec une solution de chlorure cuivreux ;

2° Oxyder par l'acide iodique le gaz non absorbé.

Mon appareil est représenté par la figure 15 ; il se compose de M, mesureur de 100 centimètres cubes gradué en dixièmes de centimètre cube, avec robinet à trois voies et muni d'un quatrième tube permettant de réunir M avec le compensateur C.

P, pipette à absorption (voir page 45).

P', pipette pleine d'acide sulfurique à 66 degrés Baumé et d'un tube à cinq boules contenant un peu d'acide sulfurique pour éviter l'hydratation de celui de la pipette.

U, tube en U, de 5 à 6 centimètres de hauteur, contenant 10 à 15 grammes d'acide iodique en cristaux. Ce tube est chauffé au moyen d'un petit bain d'huile dont la température est indiquée par un thermomètre T.

---

[1] Smits-Raken, *loc. cit.*, p 29.

Remarques. — Les branches réunissant le tube en U avec M et P' doivent avoir une dizaine de centimètres de longueur pour que les raccords en caoutchouc soient bien en dehors du bain d'huile et de la zone chauffée, afin d'éviter leur altération, qui amènerait des fuites dans l'appareil.

Pour diminuer les espaces nuisibles du tube en U, les deux branches horizontales sont garnies de baguettes et les deux coudes de laine de verre.

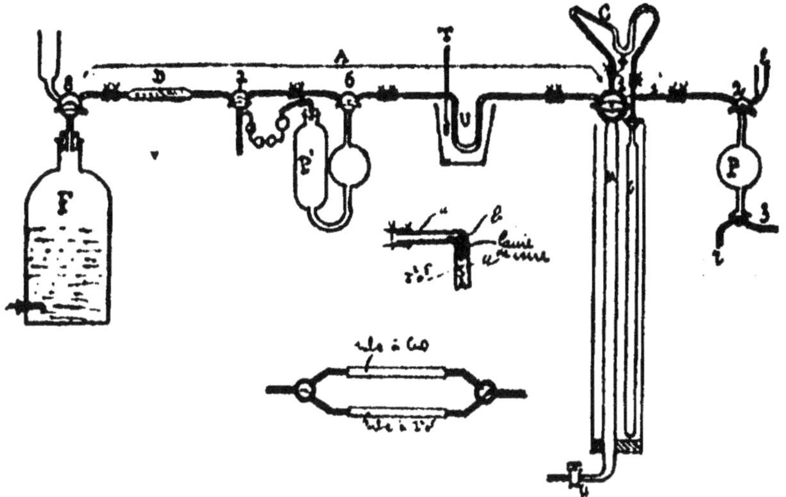

Fig. 15.

Tous les robinets de l'appareil, sauf 4, sont, comme le montre la figure, à trois voies à écartement symétrique.

Marche de l'analyse. — Il faut d'abord s'assurer de l'étanchéité absolue de l'appareil. Pour cela, en abaissant le flacon réservoir de mercure, on fait le vide dans la partie de l'appareil comprise entre le mesureur et le gazomètre ; si celui-ci est bien monté, ou plutôt si les robinets sont bien graissés, le mercure ne doit pas baisser de 1/10 de centimètre cube dans le mesureur, même après une demi-heure.

Un point très important est le graissage des robinets ; opération plus difficile qu'on ne pense ; on l'effectue de la façon suivante :

la clef et la douille du robinet sont d'abord bien nettoyées; on met ensuite de la graisse sur les deux extrémités de la clef et on la tourne dans sa douille jusqu'à ce que la mince couche de graisse soit absolument transparente et qu'on n'y aperçoive pas une seule rayure, car celles-ci sont toujours la source des fuites. La graisse ADEPS LANEX anhydre est la meilleure. Si l'on opère en hiver, on la mélange à 25 pour 100 de suif et on fait fondre; on obtient ainsi un produit plus fusible.

1° On purge d'air toute la partie de l'appareil comprise entre le mesureur et le gazomètre avec de l'acide carbonique exempt d'air que l'on prépare en chauffant dans un tube du bicarbonate de soude en poudre. Il faut avoir soin de ne recueillir le gaz que lorsque l'on aura bien balayé l'air du tube producteur; il faut pour cela décomposer environ la moitié du bicarbonate avant de recueillir le produit gazeux. On arrive aisément à obtenir un gaz contenant 99,8 à 99,9 pour 100 de CO_2.

Le gaz préparé est recueilli sur l'eau salée saturée de gaz carbonique.

2° On détermine alors le résidu laissé par 100 centimètres cubes de ce gaz après traitement par la potasse. Pour cela, on mesure un volume d'air quelconque et on l'envoie dans la pipette P. On mesure ensuite un volume, quelconque aussi, de l'acide carbonique et on l'absorbe avec la potasse dans la pipette P qui contient déjà de l'air.

Après le lavage, on détermine l'augmentation du volume de cet air et on le ramène par le calcul à 100 centimètres cubes de CO_2. On a ainsi le résidu R, après absorption par l'alcali, laissé par 100 centimètres cubes d'acide carbonique.

3° Le gaz à analyser est maintenant introduit en M à l'aide de la pipette P, puis on le prive d'acide carbonique, d'oxygène et des carbures non saturés, par les moyens appropriés. On le lave alors deux fois avec quelques centimètres cubes d'une solution de chlorure cuivreux acide, puis on lave à l'eau et à la potasse, et on détermine le volume d'oxyde de carbone ainsi absorbé.

REMARQUE. — Ces absorptions peuvent être faites dans une burette de BUNTE; il suffit ensuite de mesurer en M un volume quelconque du gaz traité pour faire le dosage de l'oxyde de

carbone non dissous et de ramener par le calcul le pourcentage
d'oxyde de carbone ainsi trouvé au volume primitif restant dans
la burette après absorption de ce gaz par le chlorure cuivreux.
En additionnant ces deux chiffres, on a la quantité d'oxyde de
carbone contenue dans le gaz mesuré dans la burette de BUNTE.

Le gaz traité par le chlorure cuivreux est mesuré, envoyé dans
la pipette P', et séché en l'agitant avec l'acide sulfurique ; on
chauffe alors le tube à acide iodique à 105-110 degrés et on y
fait passer lentement le gaz.

L'iode qui se forme se dépose dans les parties froides du tube
en U et ne vient jamais souiller le mercure du mesureur. Comme
il ne s'en produit que de très petites quantités dans chaque analyse, on peut en faire un très grand nombre sans être obligé de
nettoyer l'appareil.

Lorsque le gaz est complètement revenu dans le mesureur, on
l'envoie dans la pipette P, puis on fait le vide dans la partie A
de l'appareil en abaissant le flacon réservoir à mercure ; on ferme
alors le robinet 1 et on fait entrer l'acide carbonique en ouvrant
le robinet 6 ; on répète encore deux fois cette opération et on
détermine le volume de l'acide carbonique aspiré ainsi. Ce volume
est appelé v. On l'envoie dans la pipette P et on l'y absorbe par
la potasse. On détermine alors la diminution de volume du gaz,

Le volume de l'oxyde de carbone total est alors :

$$(V - (V' - r).)$$

V étant le volume avant traitement par le chlorure cuivreux ;
V' étant le volume après passage sur l'acide iodique ;
r étant le résidu laissé par le volume v d'acide carbonique
employé et calculé avec v et R.

La caractéristique de cette méthode réside dans la manière
d'éliminer les espaces nuisibles de l'appareil en y faisant d'abord
le vide, puis en les garnissant par l'acide carbonique, gaz facile à
éliminer. Ceci permet de séparer l'oxyde de carbone des autres
gaz sans y mélanger des quantités appréciables de gaz inertes,
azote ou air, et de permettre de faire des dosages ultérieurs avec
le même gaz résiduel, ce qui serait absolument impossible
autrement.

Contrôle de la méthode. — En analysant l'air par ma méthode, on devra toujours trouver le même volume après l'analyse, puisqu'il ne contient pas de quantités appréciables d'oxyde de carbone.

ANALYSE DE L'AIR

Volume d'air mesuré	Vol. d'ac. carbonique employé pour garnir les espaces nuisibles	Résidu laissé par ce volume d'acide carbonique	Volume de l'air après réaction	Différence
94,4	11 cc.	0,022	94,4	— 0,02
90,3	11	0,022	94,35	+ 0,03
90,6	12	0,096	90,7	+ 0,004
94,7	11	0,088	94,8	+ 0,012
93,5	12	0,096	93,6	+ 0,004
91,8	11	0,033	91,85	+ 0,017

On voit donc que, en déduisant du volume primitif de l'air le résidu que laisse l'acide carbonique employé pour purger les espaces nuisibles, on retrouve le même volume à deux ou trois centièmes de centimètre cube près. Ces différences sont dues à ce que les lectures des volumes ont été faites sans employer ni loupes, ni cathétomètres, mais seulement avec le dispositif de JOLY, qui consiste à mettre une lame argentée derrière le mesureur, de sorte qu'en faisant les lectures, le ménisque du mercure du mesureur se confondant avec son image dans le miroir, on évite toute erreur de lecture due à une fausse position de l'œil.

Détermination de la température à prendre pour l'oxydation de l'oxyde de carbone mélangé d'hydrogène ou de méthane.

Comme je l'ai dit, les avis étant partagés au sujet de l'action de l'acide iodique sur l'hydrogène et le méthane, il était de la plus haute importance pour moi d'étudier cette action dans les mêmes conditions que pour le dosage de l'oxyde de carbone.

Action de l'acide iodique sur l'hydrogène.

L'hydrogène que j'employais était préparé à l'aide de l'amalgame de sodium et privé d'oxygène par passage dans un serpentin en cuivre chauffé au rouge.

Le tableau suivant montre les résultats obtenus par un seul passage du gaz sur l'acide iodique à une vitesse de 100 centimètres cubes en cinq minutes dans tous les cas.

Température	Volume de l'hydrogène		Résidu laissé par	Hydrogène
	avant réaction	après réaction	l'acide carbonique	oxydé
150	88	87,5	0,11	0,61
150	86,4	85,8	0,09	0,69
140	87,5	87,0	0,09	0,59
130	86,8	86,7	0,09	0,19
120	86,7	86,75	0,1	0,05
110	88,7	88,75	0,02	0,00

Ces essais montrant qu'il y avait oxydation, je les ai répétés en faisant passer plusieurs fois et lentement l'hydrogène ayant déjà subi l'action de l'acide iodique au cours d'essais précédents. Cet acide avait été préalablement déshydraté à 180-190 dans un courant d'air sec.

Température	Volume de l'hydrogène		Résidu laissé par	Hydrogène
	avant réaction	après réaction	l'acide carbonique	oxydé
115	86,1	86,2	0,09	0,00
125	86,20	86,25	0,082	0,03
135	85,90	85,2	0,08	0,78
140	85,20	84,3	0,08	0,98
150	84,6	82,2	0,08	1,88
115	82,2	82,25	0,07	0,00

Ces douze essais montrent donc nettement que l'hydrogène est parfaitement oxydé à 150 degrés, tandis qu'à 120 il ne l'est sensiblement pas.

Action de l'acide iodique sur le méthane.

Température	Volume du méthane		Résidu de l'acide	Méthane
	avant réaction	après réaction	carbonique employé	oxydé
110	71,6	71,7	0,085	0,00
110	71,7	71,8	0,090	0,00
135	91,45	91,50	0,07	0,00
150	91,50	91,60	0,07	0,00
150	90,8	90,90	0,08	0,00

On voit, par ces chiffres, que le méthane n'est pas attaqué par l'acide iodique à 150 degrés.

Action de l'acide iodique sur un mélange d'hydrogène et de méthane.

Température	Volume du mélange		Résidu de l'acide	Hydrogène
	avant réaction	après réaction	carbonique utilisé	oxydé
110	86,75	86,80	0,066	0,00
150	86,80	86,1	0,066	0,76
140	87,20	86,65	0,066	0,61
130	86,65	86,45	0,07	0,27
120	86,00	86,05	0,066	0,00

Ces résultats prouvent donc que la combustion de l'oxyde de carbone, mélangé d'hydrogène, doit être faite à une température inférieure à 120 degrés, pour éviter l'oxydation d'une partie de ce dernier gaz.

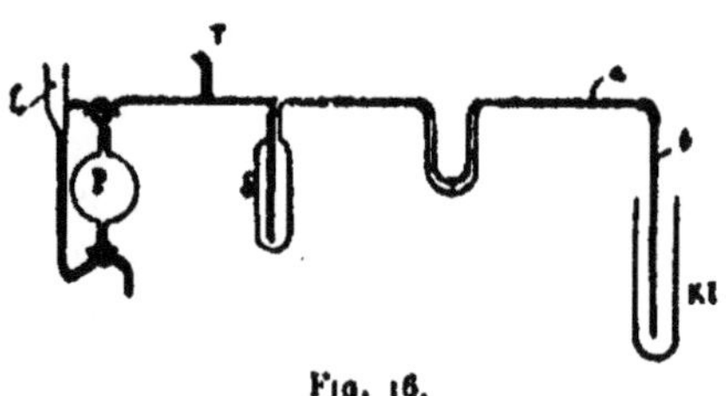

Fig. 16.

J'ai encore contrôlé l'exactitude de ma méthode en comparant les résultats qu'elle fournit avec ceux donnés par la combustion de l'oxyde de carbone au moyen de l'acide iodique, et détermination de l'iode provenant de la réaction.

Pour ces dosages, j'ai opéré de la façon suivante, au moyen de l'appareil représenté par la figure 16 :

On fait passer sur l'acide iodique le gaz à analyser avec cinq ou six fois son volume d'air ; on absorbe l'iode au moyen d'une solution d'iodure de potassium à 25 pour 100, dans laquelle on dose, au moyen d'hyposulfite de soude centinormale, l'iode provenant de la réduction de l'acide iodique, après avoir naturellement bien balayé les dernières traces d'oxyde de carbone de l'appareil, au moyen d'un courant d'air prolongé.

Le gaz à analyser est mesuré et introduit dans la pipette P ; on l'en chasse pour faire l'opération, en y faisant entrer par E du mercure en quantité réglée une fois pour toutes ; on envoie par le tube T une quantité d'air cinq ou six fois plus grande ; le mélange ainsi obtenu traverse le tube desséchant S, passe sur l'acide iodique, y perd son oxyde de carbone, et il se forme de l'iode qui se dépose dans la partie a-b du tube à dégagement, les dernières traces de ce métalloïde sont arrêtées par l'iodure de potassium.

L'iode qui se dépose dans la partie a-b est chassé plus loin en chauffant le tube, tout en y faisant passer un courant d'air ; lorsque l'opération est finie, on aspire la solution d'iodure à la hauteur du dépôt d'iode, qui est rapidement dissous ; on lave deux ou trois fois le tube avec une solution d'iodure neuve, on réunit les solutions et on en fait le dosage avec l'hyposulfite et l'empois d'amidon.

J'ai toujours constaté qu'un seul laveur à iodure de potassium suffisait pour arrêter l'iode ; un tube supplémentaire contenant une solution d'empois d'amidon n'a jamais accusé la présence d'iode.

Cette méthode de dosage fournit des résultats très exacts, comme le montrent les chiffres suivants[1] :

CO employé	Milligrammes d'iode trouvés	CO trouvé %	CO calculé %	Différence
14,644	33,672	1,4852	1,4644	+ 0,0208
12,470	27,839	1,2279	1,2470	— 0,0191
11,062	25,143	1,1090	1,1062	+ 0,003
9,109	20,942	0,9237	0,9109	+ 0,0128
8,840	19,702	0,8690	0,8840	— 0,0150

Pour bien mettre en évidence la valeur de ma méthode, j'ai fait avec elle plusieurs analyses d'un même gaz dont la teneur en oxyde de carbone avait été déterminée par la méthode précédente.

[1] Korbuly, Inaugural Dissertation, Zurich, 1902.

Voici les résultats obtenus avec :

la méthode volumétrique		*la méthode pondérale*
CO o/o absorbé par le chlorure cuivreux.	9,55	Iode trouvé o gr. 02283.
CO trouvé dans le gaz restant	0,47	CO o/o corresp. 10,07.
	10,02.	Différence 0,03.
CO o/o absorbé par le chlorure cuivreux.	49,19	Iode trouvé o gr. 11179.
CO non absorbé	0,36	CO o/o trouvé 49,52.
	49,55.	Différence 0,03.
CO o/o absorbé	25,2	Iode trouvé o gr. 05811.
CO non absorbé	0,46	CO o/o corresp. 25,60.
	25,66.	Différence 0,06.
CO dissous par le chlorure cuivreux . .	20,0	Iode trouvé o gr. 04654.
CO non absorbé	0,6	CO correspondant 20,59.
	20,6.	Différence 0,01.
CO absorbé.	10,67	Iode trouvé o gr. 02517.
CO non dissous	0,46	CO correspondant 11,19.
	11,13.	Différence 0,04.

§ 7. ACTION DES SOLUTIONS DE CHLORURE CUIVREUX
SUR L'HYDROGÈNE, LE MÉTHANE ET L'AZOTE

Dreuschmidt[1] a bien constaté que le chlorure cuivreux ammoniacal dissolvait un peu l'hydrogène, Hauser et d'autres ont indiqué qu'il était nécessaire de saturer la solution ammoniacale avec de l'azote, sans quoi on s'exposait à faire des erreurs de 0,5 pour 100 et plus. Czako prétend que l'absorption de l'oxyde de carbone par le chlorure cuivreux ammoniacal est suffisante pour l'industrie, mais on ne trouve pas dans la bibliographie de travaux démontrant réellement que l'absorption de CO soit plus parfaite avec les solutions ammoniacales qu'avec les solutions acides et prouvant aussi que l'azote soit plus facilement dissous que les autres gaz par ces solutions.

En étudiant ces absorptions, j'ai trouvé :

[1] Dreschmidt, *Berichte*, t. 21, p. 2158.

1° Que les solutions acides ou ammoniacales, agitées avec de l'azote, cédaient de l'oxygène; qu'elles absorbent fatalement, pendant leur préparation.

Le tableau suivant donne quelques chiffres à ce sujet :

	Solution acide			Solution ammoniacale	
Volume de l'azote employé .	78,7	85,9	85,9	87,3	86,7
Durée de l'agitation (minutes)	30	10	15	30	10
Volume de l'azote après agitation avec 20 cc. de réactif .	79,1	86,3	86,1	87,7	87,1
Augmentation du volume . .	0,4	0,4	0,2	0,4	0,4

Dans tous les cas, après traitement du gaz final par le pyrogallol, le volume primitif a été retrouvé.

En remplaçant l'azote par un mélange de méthane et d'hydrogène, les résultats trouvés étaient les mêmes.

2° Que les solutions ammoniacales ou acides dissolvaient du méthane et de l'hydrogène, mais pas d'azote, et que les premières solutions exerçaient sur ces gaz une action plus grande que les deuxièmes; ce qui explique que les résultats fournis pour l'oxyde de carbone dans les analyses étaient plus forts avec les solutions alcalines.

Le tableau suivant donne quelques chiffres à ce sujet :

100 centimètres cubes d'azote agités avec :

20 cc. de solution acide pendant 10 minutes augmentent de 0 cc. 2
20 cc.   —   —   — 30 ...   —   de 0 cc. 6
20 cc.   —   ammoniacale pend¹ 10 min augment. de 0 cc. 4
20 cc.   —   —   — 30   —   de 0 cc. 5

100 centimètres cubes d'hydrogène et de méthane perdent avec :

25 cc. de solution ammoniacale après 30 min. d'agitation. 0 cc. 6
25 cc.   —   —   — 15   —   0 cc. 9
25 cc.   —   —   — 10   —   1 cc. 2
25 cc.   —   —   — 5   —   1 cc. 4

100 centimètres cubes de méthane perdent avec :

20 cc. de solution acide après 5 minutes d'agitation . . . 0 cc. 5
20 cc.   — ammoniacale 5 —   —   . . . 0 cc. 9

100 centimètres cubes de méthane perdent après :

3 agitations de 3 minutes avec 5 cc. de solution acide. . . o cc. 2
3 — 3 .— 5 — — ammoniacale . o cc. 4

' Dans toutes les absorptions, la quantité de gaz dissous varie avec la violence de l'agitation. Si, au lieu d'agiter le gaz avec quelques centimètres cubes de réactif, on le fait couler sur les parois de la burette, on ne dissout sensiblement rien comme méthane et hydrogène, mais l'absorption de l'oxyde de carbone est moins complète.

Ces chiffres montrent que, pour les absorptions de ce gaz, on doit éviter d'employer une grosse quantité de réactif et surtout ne pas agiter violemment.

Comme il est nettement démontré que la solution acide cède moins facilement son oxygène et dissout moins le méthane et l'hydrogène que la solution ammoniacale, on doit donc lui donner la préférence pour absorber l'oxyde de carbone et faire pour cela plusieurs lavages avec quelques centimètres cubes de solution.

Si on a trouvé que l'absorption de ce gaz par la solution ammoniacale donnait des résultats suffisants pour l'industrie, mes essais montrent que l'analyse est toujours faussée, parce que ce n'est pas seulement l'oxyde de carbone qui disparaît, mais en même temps un certain volume de méthane et d'hydrogène, ainsi que le montrent les deux analyses suivantes :

Absorption de CO par le chlorure cuivreux et dosage de H^2 et CH^4 par combustion	Dosage de CO, H^2, CH^4 par combustion avec l'oxygène
CO o/o = 20,80	20,91
H^2 = 22,05	23,38
CH^4 = 1,29	0,79
N^2 = 46,74	45,89

Ce qui précède s'applique aux analyses faites avec la burette de Bunte. Le réactif employé n'ayant jamais été en contact avec du méthane et de l'hydrogène se saturera de ceux-ci pendant l'agitation, tandis qu'il ne peut pas dissoudre d'azote, parce qu'il en est fatalement saturé, ayant été préparé à l'air.

Si on emploie les pipettes de HEMPEL, on ne parviendra pas davantage à une absorption complète, ainsi que l'a démontré DREHSCHMIDT, et encore faut-il avoir bien soin de saturer la solution avec l'hydrogène et le méthane. Si le gaz à analyser ne contient pas d'oxyde de carbone, lorsqu'on le mettra en contact avec le réactif, ayant préalablement dissous de ce gaz, il y aura toujours augmentation de volume par suite de la mise en liberté d'un peu d'oxyde de carbone.

L'emploi de deux pipettes, contenant l'une un réactif ayant déjà servi à plusieurs analyses et l'autre un réactif neuf, n'est guère avantageux, car il faut aussi saturer la solution fraîche avec l'hydrogène et le méthane et lorsqu'elle aura à son tour servi à quelques absorptions elle sera sans effet.

On voit donc que, pas plus avec une burette de BUNTE qu'avec des appareils de HEMPEL ou ORSAT, on n'arrivera à une absorption complète de l'oxyde de carbone.

Il en résulte que, pour doser ce gaz, le meilleur procédé est la combustion par l'oxygène au moyen d'une spirale de platine chauffée au rouge (car il a été démontré par A. GAUTIER[1] que la combustion de ce gaz par explosion était très difficile à bien faire et ne donnait que très rarement de bons résultats), ou la méthode que j'ai décrite dans le chapitre précédent pour les analyses scientifiques.

§ 8. DOSAGE DE L'HYDROGÈNE

Le dosage de l'hydrogène doit être envisagé dans le cas où il est mélangé de méthane et d'oxyde de carbone, car c'est en effet presque toujours ce mélange qu'on retrouve à analyser.

Comme je l'ai déjà dit, on doit autant que possible avoir recours aux méthodes permettant d'absorber ou de séparer les gaz les uns après les autres ; on doit donc éviter pour cette raison, surtout en analyse scientifique, faire ce dosage par combustion, ce qui oblige à recourir au calcul et conduit à des résultats dont on n'est jamais certain.

[1] A. Gautier, *Comptes rendus de l'Académie des Sciences*, t. 142, p. 485.

Dans ce dosage, on sépare l'hydrogène des autres gaz par les procédés suivants :

1° Le procédé de Paul HARTMANN. Il s'applique surtout pour les analyses des gaz riches en hydrogène.

C'est donc une méthode spéciale, mais n'ayant pas un caractère général.

2° Le procédé de HEMPEL, par occlusion dans le palladium.

Cette méthode, bien qu'excellente, n'est pas très commode à cause de l'oxydation partielle qu'il faut faire subir au palladium avant l'analyse ; aussi elle n'est pas très employée.

La méthode de dosage de l'hydrogène par l'oxyde de cuivre m'ayant donné, dès le début de mon travail, d'excellents résultats, je n'ai pas eu besoin d'avoir recours à la méthode de HEMPEL ; aussi ne l'ai-je étudiée que superficiellement.

3° Le procédé de la combustion sur l'oxyde de cuivre à 3oo degrés.

J'ai trouvé que l'hydrogène était totalement brûlé par l'oxyde de cuivre à 3oo degrés.

Cette méthode, employée couramment dans l'industrie avec les appareils d'UBELLOHDE et de CASTRO, ne l'est pas en analyse scientifique.

Cependant, grâce à mes appareils nouveaux et surtout au dispositif que j'ai employé pour doser l'oxyde de carbone, j'ai pu utiliser cette méthode pour faire des analyses rigoureuses. J'opère de la même façon que pour doser l'oxyde de carbone au moyen de l'appareil décrit page 56, avec cette seule différence qu'au lieu de traverser le tube à acide iodique le gaz passe sur l'oxyde de cuivre chauffé à 3oo degrés.

§ 9. RÉSUMÉ

Pour résumer les procédés qui doivent être employés en analyse volumétrique précise, supposons que l'on ait une analyse de gaz d'éclairage à faire.

Ce gaz contient surtout :

H_2S, CO_2; C_2H_2, C_4H_4, C_6H_6; O_2, CO, H_2, CH_4, C_2H_6, N_2.

L'appareil que je destine à ces analyses est représenté par la figure 15 pour le dosage de l'oxyde de carbone. Il est muni de deux tubes en U, l'un pour l'acide iodique, l'autre pour l'oxyde de cuivre.

A l'aide de la pipette P, on recueille le gaz à analyser, on réunit la pipette avec le mesureur qu'on remplit avec environ 100 centimètres cubes de gaz, on garnit l'espace capillaire existant entre eux avec un peu de mercure versé dans l'entonnoir de la pipette P, puis on chasse l'excès du gaz que contient ce récipient; on mesure alors exactement le volume du gaz introduit en M.

Toutes les absorptions sont faites comme il est dit page 45, en adoptant la marche suivante :

1° On absorbe les gaz acides CO_2, H_2S par un lavage avec la potasse;

2° On détermine la somme : l'acétylène, plus éthylène, plus benzol, par absorption au moyen de l'acide sulfurique fumant;

3° L'oxygène est enlevé par lavage au pyrogallate de potasse;

4° On dissout la majeure partie de l'oxyde de carbone par deux lavages au chlorure cuivreux, puis on détermine celui qui n'est pas absorbé par ma méthode décrite page 56 et suivantes;

5° Le gaz restant est privé d'hydrogène par passage sur l'oxyde de cuivre chauffé à 300 degrés et en opérant rigoureusement comme pour le dosage de l'oxyde de carbone;

6° Le résidu de cette opération est constitué par le méthane, l'éthane et l'azote; la totalité des deux gaz est déterminée par combustion avec l'oxygène;

FIG. 17.

on introduit pour cela dans le mesureur un volume d'oxygène d'environ 40 ou 50 centimètres cubes, puis le mélange ainsi obtenu, bien exactement mesuré, est envoyé dans une pipette à combustion avec spirale de platine (fig. 17); après oxydation, on absorbe l'acide carbonique formé; ce volume correspond au méthane et à l'éthane;

7° En additionnant tous les résultats trouvés dans les différents dosages précédents et en retranchant ce chiffre de 100, on a la quantité d'azote.

Remarque. — Pour le dosage du méthane, je n'ai rien à ajouter à ce que je viens de dire et à ce que j'ai écrit plus haut.

Pour l'analyse industrielle d'un gaz d'éclairage, la méthode la meilleure est, à mon avis, la suivante : doser CO_2, O_2, et les carbures non saturés avec la burette de Bunte, puis déterminer l'hydrogène et l'oxyde de carbone à l'aide de l'appareil Vionon perfectionné en les brûlant avec l'oxygène.

§ 10. ÉTUDE DE LA COMBUSTION DE L'HYDROGÈNE
DE L'OXYDE DE CARBONE
ET DU MÉTHANE SUR L'OXYDE DE CUIVRE A 300 DEGRÉS

Dans tous ces essais, j'ai employé pour étudier la combustion un mélange d'air et des différents gaz, à des teneurs différentes, passant dans une spirale en verre d'Iéna de 13 millimètres de diamètre et de 0 m. 80 de longueur, remplie d'oxyde de cuivre et chauffée à la température voulue à l'aide d'un mélange de nitrate de soude et de potasse fondus.

Dans ces conditions, le gaz restait donc longtemps en contact avec une grosse masse d'oxyde de cuivre et sur une grande surface.

Les gaz étaient, avant leur passage sur l'oxyde, lavés par la potasse et séchés sur l'anydride phosphorique. Après réaction, ils traversaient les tubes dessiccateurs et les laveurs à alcali, préalablement tarés.

L'aspiration du mélange gazeux, de composition connue, était produite au moyen d'un gazomètre à eau pesé avant l'opération. Lorsque celle-ci était terminée, on ramenait le gaz aspiré à la pression atmosphérique, on notait la température avant et après l'expérience, ainsi que la pression atmosphérique et le volume du gaz résiduel donné par la différence de poids du gazomètre.

Le poids de l'eau ou de l'acide carbonique permettait de calculer le volume de l'hydrogène ou d'oxyde de carbone brûlés, ainsi que le volume d'oxygène absorbé à l'air par le cuivre pour sa réoxydation.

Combustion de l'oxyde de carbone. — L'oxyde de carbone sec brûle à une température supérieure à celle de l'oxyde de carbone humide. Son oxydation commence à 145 degrés.

J'ai constaté dans de nombreux essais qualitatifs que ce gaz sec à 3 pour 100 dans l'air n'était pas complètement brûlé par l'oxyde de cuivre à 300 degrés.

J'ai trouvé, en effet, qu'après passage sur l'oxyde de cuivre le mélange indiqué noircissait très nettement le papier imprégné de chlorure de palladium et réduisait fortement l'acide iodique.

Dans les essais quantitatifs, j'ai trouvé encore que la combustion était loin d'être complète, ainsi que le montre le tableau suivant :

CO o/o employé	CO² trouvé	Volume du gaz employé	CO cc.	CO o/o trouvé	CO non brûlé
2,115	0,0643	1709,74	32,74	1,914	0,35
3,79	0,1410	1964,8	71,90	3,66	3,5
3,11	0,1722	2877,7	87,7	2,896	6,8
3,10	0,1422	2461,7	72,55	2,90	6,8

Combustion de l'hydrogène :

H² employé o/o	H²O trouvée	Volume du gaz employé gr.	H² trouvé	H² o/o trouvé
1,96	1781,3	0,0291	36,23	2,03
1,96	1903,15	0,0306	38,1	2,00
0,93	3930,25	0,0296	36,70	0,933
0,415	3774,4	0,125	15,58	0,41

Les résultats obtenus sont légèrement trop forts. Cela provient de ce que l'air employé n'avait pas été privé d'hydrogène au préalable. Néanmoins, ils suffisent pour démontrer que la combustion de l'hydrogène est complète.

Combustion d'un mélange d'hydrogène et d'oxyde de carbone. — Comme j'avais constaté que la présence de vapeur d'eau facilitait la combustion de l'oxyde de carbone, il était à prévoir que l'hydrogène devait aussi en faciliter l'oxydation.

C'est ce que montre le tableau suivant, qui donne le résultat de mes expériences à ce sujet :

CO % employé	H^2 % employé	Volume du gaz	CO^2	H^2O	CO^2	H^2	CO % trouvé	H^2 % trouvé
2,10	1,99	2115,65	0,0851	0,0338	43,3	42,05	2,05	1,99
2,25	2,20	2199,0	0,0953	0,0392	48,55	48,75	2,20	2,21
2,15	2,20	1531,37	0,0670	0,0268	34,1	33,35	2,15	2,18

On voit, par ces chiffres, que la combustion est considérablement changée par la présence d'hydrogène, mais j'ai encore pu vérifier qu'elle n'est pas intégrale en faisant passer les gaz de la combustion sur de l'acide iodique.

Combustion du méthane. — J'ai trouvé que le méthane était très légèrement oxydé à 315 degrés, et qu'il l'était d'une façon notable à 350 degrés seulement.

Comme, en général, l'hydrogène, par sa transformation en eau favorise les combustions, j'ai déterminé l'influence qu'il pouvait avoir sur la combustion du méthane par l'oxyde de cuivre; j'ai obtenu les résultats suivants :

Combustion d'un mélange de méthane et d'hydrogène sur l'oxyde de cuivre à 300 dégrés.

CH^4 % employé	H^2 % employé	Volume du gaz	CO^2	H^2O	CH^4	H^2	CH^4 % trouvé	H^2 % trouvé
1,924	1,824	2095,03	0,0018	0,0328	0,916	40,8	0,0438	1,863
1,924	1,824	2018,99	0,0029	0,0300	1,470	37,36	0,0732	1,85
1,925	1,876	2091,55	0,0035	0,0334	1,782	41,55	0,0887	1,80
2,32	2,02	1748,91	0,0004	0,0290	0,233	36,10	0,0134	2,035

On voit donc qu'à 300 degrés l'oxyde de cuivre attaque très légèrement le méthane et qu'ici encore l'hydrogène exerce une action bien nette. Ceci montre qu'on devra, en présence de méthane, brûler l'hydrogène à une température inférieure à 300 degrés.

Combustion du méthane sur l'oxyde de cuivre au rouge. — Voici, résumés dans le tableau suivant, les résultats de nos essais :

CH_4 % employé	Volume du gaz	CO_2 trouvé	H_2O trouvée	CH_4	CH_4 % trouvé
1,67	2378,8	0,0778	0,0637	39,6	1,665
2,143	2427,1	0,1609	0,0858	50,9	2,098
1,584	2477,3	0,0753	0,0620	38,36	1,547
0,798	2447,6	0,0359	0,0321	17,86	0,730

Ces chiffres montrent que, pour une teneur inférieure à 1 pour 100, le méthane n'est pas complètement oxydé, ce qui est pleinement d'accord avec les essais du professeur A. GAUTIER, sur la combustion de petites quantités de méthane par l'oxyde de cuivre.

Ces expériences suffisent à démontrer que l'on ne devra jamais employer seule pour la séparation gravimétrique de l'oxyde de carbone, du méthane ou de l'hydrogène, la méthode de fractionnement par l'oxyde de cuivre.

CHAPITRE III

ÉTUDE DE LA COMBUSTION DU BENZOL
DANS LES MOTEURS

L'étude de cette combustion m'a permis d'appliquer toutes les méthodes précédentes, volumétriques et gravimétriques, et elle montrera en même temps tous les enseignements que l'on peut tirer de l'analyse des gaz de combustion.

Les gaz de la combustion étaient constitués par un mélange de CO^2, O, CO, H^2, CH^4, N, comme le montrent les analyses suivantes :

	I	II	III	IV
CO^2.	8,7	8,8	12,0	12,05
Carbures non saturés .	0,0	0,3	0,0	0,0
O^2	1,2	1,0	1,2	1,0
CO	10,6	11,1	7,1	4,0
H^2	4,18	5,0	2,3	1,2
CH^4	0,43	1,4	0,25	0,2
N^2	74.79	72,5	77,15	81,1

Dans ces analyses, le gaz était d'abord privé d'eau par l'anhydride phosphorique, de CO^2 par la baryte hydratée, puis d'hydrogène et de la presque totalité de l'oxyde de carbone par passage sur l'oxyde de cuivre à 300 degrés, et enfin des dernières traces de ce dernier gaz au moyen de l'acide iodique. Le méthane était brûlé au moyen de l'oxyde de cuivre chauffé au rouge dans un tube de 1 mètre de longueur.

Ces essais ont été faits avec un moteur d'une force de 3 chevaux ayant les dimensions suivantes :

Diamètre du cylindre . . . 140 millimètres.
Surface du piston . . . . 153 cm² 9.
Trajet du piston . . . . 210 millimètres.
Volume du cylindre . . . 3 l. 224 centimètres cubes.
Chambre de compression . . 1.142 centimètres cubes.

La marche du moteur est à quatre temps :

1° Le piston aspire l'air et le benzol ;

2° Ce mélange est comprimé à une pression donnée ;

3° Et, au moment où celle-ci atteint son maximum, il se produit une étincelle qui détermine l'explosion du mélange gazeux et par suite la dilatation qui chasse le piston ;

4° Par suite de la vitesse acquise, le piston est ramené en arrière et chasse au dehors les gaz de la combustion.

Dans cette étude, j'ai déterminé l'influence : 1° de la charge ; 2° de la compression, et 3° de la quantité d'air sur la marche de la combustion.

Ces influences seront traduites par une variation dans la composition des gaz d'échappement. Leur analyse permettra de calculer en calories la chaleur perdue sous forme de gaz combustibles.

Dans ces gaz, les constituants peuvent encore brûler l'oxyde de carbone et l'hydrogène avec de faibles quantités de méthane. L'acide carbonique et l'eau trouvés après la combustion de ces gaz ont été considérés comme provenant exclusivement de l'oxyde de carbone et de l'hydrogène. Cette manière de calculer donne une légère erreur, parce que les gaz d'échappement contiennent toujours un peu de méthane, mais nous l'avons négligé pour simplifier.

Le calcul de la chaleur perdue repose sur le fait que :

1 mètre cube d'oxyde de carbone dégage en se transformant en 1 mètre cube de CO_2 : 3.032 calories.

1 mètre cube d'hydrogène en se transformant en eau liquide : 3.052 calories.

Par conséquent, en multipliant par 30,32 le pourcentage du CO et par 3o,52 celui de l'hydrogène trouvé, on aura la chaleur perdue sous forme d'oxyde de carbone et d'hydrogène pour 1 mètre cube de gaz d'échappement.

Pour connaître la quantité de chaleur perdue pour 1 kilogramme de benzol, il faut savoir combien de mètres cubes du gaz analysés ont été produits par la combustion de ce kilogramme de benzol.

On calcule ce volume de la manière suivante :

On sait que 1 mètre cube de CO_2 ou de CO contient o k. 586 de carbone ; par conséquent, en additionnant les pourcentages de l'acide carbonique et de l'oxyde de carbone, seuls gaz carbonés du mélange, et en multipliant ce chiffre par 5,36, on aura le poids du carbone contenu dans 1 mètre cube du gaz d'échappement.

Nous savons que 1 kilogramme de benzol contient 922 gr. 5 de carbone ; donc, en divisant 922 gr. 5 par le poids du carbone contenu dans 1 mètre cube de gaz d'échappement, on aura le volume total de celui-ci.

Nous avons trouvé d'une part le nombre de calories perdues sous forme de CO et H_2 dans un mètre cube de gaz et nous connaissons, d'autre part, le volume total que 1 kilogramme de benzol a donné en brûlant ; donc, en multipliant ces deux chiffres, on aura le nombre de calories perdues pour 1 kilogramme du combustible.

Nous avons déterminé le pouvoir calorifique du benzol employé dans tous les essais et avons trouvé pour 1 kilogramme une valeur de 9,777 calories.

La chaleur perdue pour 100 calories est donc égale à la chaleur perdue trouvée expérimentalement divisée par 97,77.

Exemple :

L'analyse du gaz d'une expérience donne :

$$CO_2 \; o/o = 10,07$$
$$CO \; o/o = 5,88$$
$$H_2 \; o/o = 1,97.$$

La chaleur perdue sous forme de CO et H_2 pour 1 mètre cube de gaz est de :

$$5,88 \times 3o,3a = 178 \text{ c. } 3$$
$$1,97 \times 3o,5a = 6o \text{ c. } a$$
$$\overline{\ a38 \text{ c. } 5}$$

La somme des pourcentages des gaz carbonés est de :

$$1o,o7 + 5,88 = 15,g5.$$

La quantité de carbone contenu dans 1 mètre cube de gaz d'échappement est de :

$$15,g5 : o,536 = 85 \text{ gr. } 5.$$

Comme 1 kilogramme de benzol contient 9aa gr. 5 de carbone, le volume total de la combustion est donc de :

$$9aa \text{ gr. } 5 : 85,5 = 1o \text{ m}^3 \text{ } 78.$$

La chaleur perdue pour 1o m³ 78 de gaz sera de :

$$a38 \text{ c. } 5 \times 1o,78 = a.571 \text{ calories.}$$

La chaleur perdue pour 1oo mètres cubes est de :

$$a5,71 : 9,777 = a6,3 \text{ o/o.}$$

Comme je l'ai dit plus haut, j'ai étudié :
1° L'influence de la charge ;
2° L'influence de la compression ;
3° L'influence de la quantité d'air sur la marche de la combustion.

Par *charge*, on entend la résistance qu'on oppose à la rotation du volant.

Cette résistance était produite par des poids de 2, 4, 6, 16 kilogrammes suspendus à un frein d'acier ayant la largeur du volant et frottant sur celui-ci sur une longueur égale à la moitié de sa circonférence.

La charge est donc égale au poids agissant sur le frein.

La *compression* est la pression à laquelle le mélange benzol et air est porté avant de faire explosion.

Quand le piston est arrivé au bout de sa course, il aspire un volume Vh de gaz égal à 3 l. aa4. Par la rotation de la machine, ce volume est comprimé en un autre volume V*k*, qu'on détermine par remplissage de cet espace avec de l'eau. Le gaz est donc comprimé à un certain degré égal à : $\dfrac{Vh + Vk}{Vk}$.

Pour faire varier cette compression, il suffit de diminuer l'espace compris entre le fond du cylindre et le piston. Pour cela, on intercale sur la bielle des plaques d'acier d'épaisseur connue; le trajet du piston n'étant pas changé par cela, le volume de gaz aspiré est le même, mais, la chambre de compression étant plus petite, la pression atteinte sera plus grande.

Exemple :

Avec un volume du cylindre de 3.224 centimètres cubes et une chambre de compression de 1.142 centimètres cubes, la pression subie par le gaz est de :

$$3.224 : 1.142 = 2 \text{ atm. } 82$$

et le degré de compression égal à :

$$\frac{3.224 + 1.142}{1.142} = 3.818.$$

Si l'on place sur la bielle une plaque de 47 mm. 2 d'épaisseur, la distance entre le piston et le fond du cylindre sera diminuée d'autant ; la surface du piston étant 153 cm² 9, la diminution du volume de la chambre de compression sera donc diminuée du volume du cylindre ayant pour base la surface du piston, soit 153 cm² 9, et pour hauteur l'épaisseur de la lame de fer intercalée sur la bielle, soit 47 mm. 2, ce qui donne un volume de :

$$153,9 \times 47,2 = 0 \text{ l. } 726 \text{ centimètres cubes.}$$

Le nouveau volume de la chambre de compression sera donc de :

$$1,142 - 0,726 = 0 \text{ l. } 416.$$

Par suite, la pression à laquelle sera porté le gaz aspiré deviendra :

$$3 \text{ l. } 224 : 0,416 = 7 \text{ atm. } 752.$$

Le degré de compression :

$$\frac{3,224 + 0,416}{0,416} = 8,75.$$

Dans l'étude de l'influence de la compression, on a effectué des essais à des pressions de :

<pre>
7 atm. 75 obtenue avec des lames de.   47 mm. 2
4 atm. 46   —   —   —   . 27 mm. 2
3 atm. 86   —   —   —   . 20 mm. 0
</pre>

et à la compression normale à la marche du moteur, soit 2 atm. 82.

Influence de la charge. — Pour cette étude, nous avons fait la combustion à la plus haute pression, soit 7 atm. 75. La résistance ou charge opposée au moteur était de 0, 4, 6, 8, 10, 12, 14 et 16 kilogrammes.

Les résultats obtenus sont consignés dans le tableau 1 suivant et graphiquement représentés par la courbe ci-dessous.

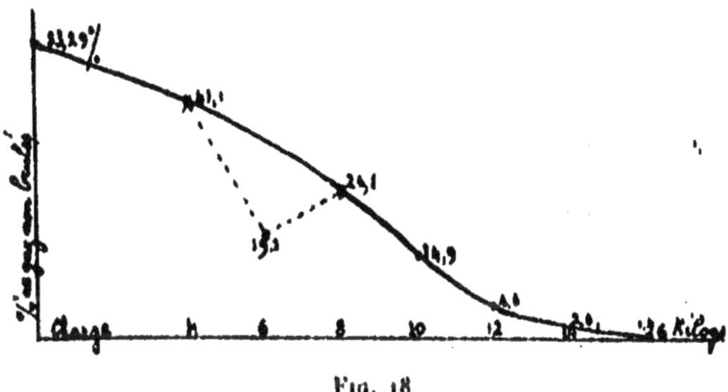

Fig. 18

Ils montrent que la quantité de gaz non brûlés augmente à mesure que la charge diminue. La quantité de chaleur perdue atteint son maximum avec 53,29 pour 100 et son minimum avec 1,47 pour 100 avec une charge de 0 et de 16 kilogrammes.

Dans ce dernier cas, le moteur ne fonctionne que très peu de temps, mais ces chiffres montrent nettement que le degré de combustion est en fonction directe de la charge.

On constate aussi qu'à mesure que la combustion devient incomplète, le nombre de tours de la machine augmente. En effet, la durée pendant laquelle les gaz réagissent les uns sur les autres étant très courte, la réaction est moins complète. Avec une grande charge, la compression étant plus lente, la vitesse diminue.

Nous avons constaté que l'essai fait avec 6 kilogrammes de charge était tout à fait anormal; mais, malgré la répétition de plusieurs essais après un nettoyage complet du cylindre, nous avons trouvé les mêmes résultats.

Influence de la compression. — L'influence de la compression sur la combustion du benzol dans les moteurs n'a jamais été déterminée.

Nos essais montrent, pour la première fois, qu'à mesure que la compression diminue la combustion devient plus complète, les charges restant égales.

Les résultats trouvés sont résumés dans le tableau suivant et représentés par la courbe suivante, et donnés dans les tableaux 2, 3 et 4 :

Charge	Compression				
	Atmosph.	Atmosph.	Atmosph.	Atmosph.	
—	—	—	—	—	
	7,75	4,46	3,86	2,82	
16	1,47	»	»	»	
14	2,64	»	»	»	Gaz
12	4,60	»	»	»	échappés
10	14,94	6,85	7,60	»	à la
8	26,17	10,52	(37,2)	7,85	combustion.
6	(19,21)	23,31	15,08	14,30	
4	41,2	41,52	28,77	18,96	
0	53,29	38,50	33,42	36,67	

Fig. 19

Influence de la quantité d'air. — La quantité d'air nécessaire à la combustion est comprise entre une limite supérieure et une limite inférieure, au-dessus et au-dessous desquelles le mélange benzol et air ne fait plus explosion.

La connaissance de ces limites est très importante pour la construction et l'utilisation des moteurs.

La limite inférieure correspond sensiblement à la quantité nécessaire à la combustion.

Une inflammation à la limite supérieure ne conduit jamais à une combustion totale, ce qui se conçoit aisément, puisqu'il y a toujours un défaut de comburant.

Bitner, dans ses essais sur les limites d'explosion, trouva qu'une élévation de température avait une grosse influence sur la combustion.

L'influence de la pression sur ces limites n'ayant pas été déterminée pour le mélange benzol et air, il était donc très important de déterminer cette influence et aussi de trouver les limites entre lesquelles ce mélange pouvait brûler dans les moteurs.

Il est facile de déterminer la quantité d'air théoriquement nécessaire pour brûler 1 kilogramme de benzol et, par suite, de trouver la limite au-dessus de laquelle on aurait une combustion totale.

Nous savons que notre benzol contient 92,15 de carbone et 7,53 d'hydrogène, ce qui donnera :

3.383 cent. cubes de CO_2 et 678 cent. cubes d'eau.

Par combustion dans l'air, nous aurons un mélange gazeux contenant :

1.723 l. de CO_2.	soit	16,2 o/o CO_2
844 de vapeur d'eau .		7,93 H_2O
8.072 l. d'azote		75,87 d'azote.

Donc, pour brûler 1 kilogramme de C_6H_6, il faudra 10 m. c. 217 d'air, ce qui correspond à 2,73 pour 100 de benzine dans 100 d'air.

Pratiquement, la limite inférieure trouvée par Bitner est 2,65. On voit donc que les deux chiffres sont très voisins.

Pour la détermination de ces limites, nous avons fait les essais avec une charge de 10 kilogrammes à une pression de 2 atm. 86 et avec des quantités d'air réglées au moyen d'un robinet placé dans trois positions différentes :

Positions : I	II	III
2,57	3,1	4,2 o/o de C^6H^6.

Les gaz obtenus après combustion renfermaient :

CO^2 = 12,75	15,0	4,71
CO = 3,28	4,92	15,03
H^2 = 0,956	1,035	6,02

ce qui correspondait à des quantités de chaleur perdue égales à :

14,14 o/o	16,37	56,30 o/o

Il n'a pas été possible de faire marcher le moteur avec des quantités d'air plus grandes ou plus petites.

Ces chiffres sont ceux que nous avons eus en faisant la moyenne de plusieurs essais.

Ils montrent que la combustion est d'autant plus mauvaise, que l'on entraîne plus de benzol; que la limite supérieure à laquelle le mélange C^6H^6 et air fait explosion dans les moteurs est aux environs de 4,2.

Ce chiffre est particulièrement intéressant par le fait qu'il montre que la limite de combustion supérieure est très fortement influencée par la pression et la température, puisque de celle trouvée par EITNER à la pression ordinaire égale 6,3, elle tombe à 4,2.

TABLEAU I. — Pression maxima de 7 atmosphères 75.

Charge	Gas analysé réduit à 0 et 760 mill.	Grammes de CO² avant combustion CO²	Volume du CO²	CO² %	CO² de CO + CH⁴	Volume	N²O de N² + CH⁴	Volume	CO %	N² %	Calories perdues comme CO — CO	Calories perdues comme CO — N²	pour 1 mètre cube	Mètres cubes de gaz	Chaleur perdue totale	Chaleur perdue %
	cc.	gr.		cc.		cc		cc								
16	27.914,5	6.0164	3.060	10,85	0,1059	53,9	0.0249	31,0	0.193	0,111	5,855	3.388	9,243	15,58	143,8	1,47
14	12.502	2,3473	1.196	9,56	0,0970	49,4	0.0094	11,70	0.395	0,0935	11,97	2,855	14,825	17,28	256,5	2,62
	12.369,5	2,1621	1.101	8,90	0,0772	39,3	0.0112	13,93	0.318	0,:393	9,65	4,255	13,905	18,68	260,0	2,66
12	7.0705	1.3768	700,5	9,90	0,0797	40,6	0,0194	24,16	0.574	0,3418	17,40	10,42	27,82	16,44	457,5	4,675
	3.368	0,3742	190.7	5,34	0,0327	16,6	0,0008	1,0	0,465	0,03	14,10	0,92	15,02	29,65	445,0	4,55
10	7.894	2,2469	1.144	14,50	0,6624	337,5	0,0760	94,5	4,27	1,196	129,4	36,48	165,88	9,17	1.521	15,55
	8.439	1,2148	619,5	7,35	0.4247	216,0	0,0170	21,15	2,56	0,251	77,6	7,66	85,26	17,36	1.480	15,13
8	10.954	2,1669	1.104	10,07	1,2661	645,0	0.1735	116,0	5,88	1,970	178,3	60,2	238,5	10,70	2.576	26,30
	3.850	0,8191	416,5	12,44	0,4392	223,5	0.0600	74,7	6,67	2,23	202,2	68,1	270,3	9,00	2.433	24,88
	8.580	2,0250	1.032	12,03	1,2750	649,5	0,1689	210,0	7,56	2,45	229,4	74,8	304,2	8,78	2.670	27,32
6	9.995	1,4706	749,5	7,50	0,3558	181,2	0,0764	95,1	1,81	0,952	54,90	29,05	83,95	18,48	1.552	15,87
	12.413	0,0095	1.023	8,24	0,5755	293,0	0,0622	77,4	2,355	0,623	71,45	19,00	90,45	16,22	1.467,5	15,15
4	2.954	0,4175	212	7,18	0,6550	333,5	0,1013	126,0	11,28	4,27	342,0	130,3	472,3	9,32	4.400	44,9
	5.642,5	0,8189	417	7,40	1,4177	719,5	0,1852	230,5	12,75	4,09	386,5	124,8	511,3	8,55	4.370	44,7
	8.882	1,3166	670	7,55	1,9910	1.015	0,2668	332,0	11,42	3,74	346,5	114,1	460,6	9,07	4.180	42,75
	1.980	0,3506	178,5	9,00	0,4158	211,6	0,0458	57,0	10,68	2,88	324,0	87,9	411,9	8,75	3.600	36,8
0	8.978,4	1,2235	623,4	6,94	2,5475	1.297	0,3746	466,0	14,45	5,19	438,1	158,4	596,5	8,046	4.798	49,07
	7.115,6	0,8610	309,5	4,35	2,0093	1.024	0,2860	356,0	14,42	5,02	437,5	153,2	590,7	9,165	5,415	55,40
	9.193	0,7425	378,1	4,129	1,8870	960	0,3420	426,0	10,66	4,63	316,5	141,3	457,8	11,83	5.420	55,40

TABLEAU II. — Pression maxima de 4 atmosphères 46.

Charge	Volume de gaz après correction	CO^2 avant combustion de CO^1	Volume de ce CO^1	CO^2 %	CO^1 provenant de $CO + CO^2$	CO en volume	H^2O provenant de $CO^1 + H^2$	H^2 en volume	CO %	H^2 %	Calories perdues sous forme de CO	Calories perdues sous forme de H^2	pour 1 mètre cube	Mètres cubes de gaz d'échappement	Chaleur totale perdue	Calories perdues %
	cc.	gr.		cc.		cc.		cc.								
10	3.848,6	0,9441	481	12,5	0,0922	46,95	0.0166	20,65	1,22	0,537	37,1	16,38	53,48	12,48	667	6,74
	4.247,6	1,0755	548	12,9	0.1096	55,8	0,0191	23,8	1,314	0,361	39,85	17,12	56,97	12,1	689	6,96
8	4.922,4	1,0135	516	10,48	0,1805	91,9	0,0245	30,47	1,865	0,615	56,55	18,9	75,45	13,925	1.052	10,625
	3.044	0,7756	395	12,96	0,0485	24,68	0,0217	27,0	2,15	0,706	65,2	25,5	90,7	11,38	1.031	10,425
6	3.851,0	0,9280	472,6	12,27	0,4591	233,9	0,0615	76,5	6,07	1,986	184,1	60,6	244,7	9,37	2.294	23,17
	3.037,2	1,0566	537,0	10,67	0,5338	271,6	0,0713	88,6	5,39	1,76	163,4	53,65	217,05	10,7	2.322	23,46
4	4.283,2	8.8775	446,5	8,97	1.1568	590,6	0,1596	198,7	11,83	3,99	359	121,6	480,6	8,265	3.978	40,15
	2.700,1	0,4035	205,3	7,6	0,6061	308,6	0,0877	109,2	11,42	4,04	346,4	123,3	469,7	9,04	4.250	42,9
0	4.671,5	0,7700	392,0	8,39	0,8700	443,0	0.1325	165,8	9,48	3,528	287,4	107,6	395,0	9,62	3.800	38,40
	3.924,3	0.6962	355,0	9,04	0,8280	422,0	0,1122	139,4	11,03	3,65	334,6	111,4	446,0	8,57	3.820	38,60

TABLEAU III. — Pression maxima 3 atmosphères 86.

Charge	Volume du gaz après correction	CO^2 avant combustion de CO^2	Volume de ce CO^2	CO^2 %	CO^2 de $CO+CH^4$	CO en volume	H^2O de $CH^4 H^2$	H^2 en volume	CO %	H^2 %	Calories perdues sous forme de CO	Calories perdues sous forme de H^2	pour 1 mètre cube	Mètres cubes de gaz d'échappement	Chaleur totale perdue	Calories perdues %
		gr.	cc.		gr.	cc.	gr.	cc.								
10	4.65?	1,3777	702,4	15,11	0,1812	92,4	0,0235	29,2	1,987	0,627	60,25	19,13	79,38	10,07	800	7,92
	3.704	1,1020	561,0	15,2	0,1240	63,1	0,0200	24,87	1,706	0,672	51,65	20,50	72,15	10,18	735	7,29
8	3.896,1	0,6410	326,5	8,38	0,6900	351,2	0,1150	143,0	9,02	3,67	273,6	112,0	385,6	9,89	3.810	38,5
	3.580,1	0,672	342,0	9,55	0,6570	334,5	0,1000	124,5	9,34	3,48	283,5	106,1	389,6	9,12	3.550	35,9
6	3.951	0,9984	508,0	12,86	0,2393	121,8	0,0195	24,25	3,85	0,614	93,5	18,74	112,24	10,82	1.214	12,26
	4.874,4	1,1947	609,0	12,48	0,4681	238,3	0,0395	49,1	4,89	1,007	148,2	30,76	178,96	9,895	1.770	17,9
4	4.181	0,6180	314,6	7,52	0,6141	312,5	0,0300	37,36	7,47	0,892	226,4	27,20	253,60	11,50	2.915	29,42
	5.403	0,9103	464,0	8,59	0,5662	288,5	0,0732	91,15	5,33	1,688	161,4	51,6	213,1	13,40	2.855	28,82
0	4.770	0,9191	467,8	9,82	0,8315	423,0	0,1153	143,3	8,87	3,04	168,8	91,8	360,6	9,21	3.318	33,5
	4.024	0,8635	440	10,92	0,7785	396,6	0,1059	131,8	9,85	3,275	298,6	99,8	398,4	8,28	3.300	33,35

TABLEAU IV. — Pression maxima 2 atmosphères 82 (pression normale).

Charge	Volume du gaz après correction	CO^2 avant combustion de CO^2	Volume de ce CO^2	CO^2 %	CO^2 de $CO+CH^4$	CO en volume	H^2O de $CH^4 H^2$	H^2 en volume	CO %	H^2 %	Calories perdues sous forme de CO	Calories perdues sous forme de H^2	pour 1 mètre cube	Mètres cubes de gaz d'échappement	Chaleur totale perdue	Calories perdues %
8	4.148,7	1,0047	512	12,35	0,1195	60,8	0,0168	20,90	1,467	0,504	44,5	15,37	59,87	12,42	744	7,52
	3.985,6	1,1629	592	14,85	0,1488	75,76	0,0224	27,86	1,90	0,700	57,6	21,35	78,95	10,26	810	8,17
6	4.662,6	1,3130	669,5	14,36	0,3679	187,2	0,0341	42,40	4,02	0,909	121,9	27,75	149,65	9,35	1.397	14,12
	4.763,7	0,7594	386,5	13,98	0,2087	106,3	0,0240	29,84	3,85	1,078	116,7	32,95	148,65	9,65	1.433	14,48
4	4.354,4	1,1209	575	13,2	0,4093	208,3	0,0532	66,15	4,78	1,517	144,9	46,5	191,2	9,555	1.828	18,45
	4.237,4	1,1118	567	13,38	0,4317	219,8	0,0568	70,65	5,19	1,668	157,2	50,9	208,1	9,26	1.928	19,46
0	4.658,7	0,9050	461	10,12	1,0352	527,5	0,1328	165,2	11,31	3,55	333,0	108,2	441,2	8,025	3.540	35,72
	3.834,8	0,7425	378	9,83	0,8604	438,0	0,1155	143,8	11,42	3,85	346,4	114,4	460,8	8,09	3.726	37,63

CONCLUSIONS

En résumé :

I. — J'ai pu prouver que le dosage des carbures non saturés, et en particulier celui de la benzine, devait être fait par absorption à l'aide de l'acide sulfurique fumant.

II. — J'ai réussi à séparer volumétriquement et exactement l'oxyde de carbone d'avec l'hydrogène en en absorbant la presque totalité par le chlorure cuivreux acide et en dosant le restant par combustion à l'aide de l'acide iodique et d'un appareil approprié.

III. — J'ai constaté aussi :

a) Que les solutions de chlorure cuivreux acides ou ammoniacales cèdent de l'oxygène, qu'elles absorbent pendant leur préparation, quand on les agite avec un gaz inerte ;

b) Que les solutions ammoniacales exercent une action dissolvante très nette sur l'hydrogène et le méthane, mais nullement sur l'azote, parce qu'elles sont toujours saturées de ce gaz.

IV. — J'ai démontré que l'acide iodique oxydait une notable quantité d'hydrogène seulement à une température supérieure à 120 degrés.

V. — Dans mes essais sur les analyses par voie gravimétrique, j'ai trouvé que l'oxyde de cuivre, chauffé à 300 degrés, oxydait totalement l'hydrogène, mais que l'oxyde de carbone échappait à la combustion en quantité importante. Qu'on devait pour le dosage pondéral de ce gaz, en déterminer la plus grosse partie avec l'oxyde de cuivre à 250 et oxyder celui qui a échappé à la combustion avec l'acide iodique à une température voisine de 100 degrés.

VI. — J'ai imaginé un mesureur et une pipette d'absorption pour analyse scientifique, avec lesquels il est possible de faire subir au gaz, et avec beaucoup d'aisance, des traitements qu'on ne peut faire qu'avec une cuve à mercure.

VII. — J'ai construit des appareils pour analyse industrielle dans lesquels les espaces nuisibles sont éliminés, et, grâce à un nouveau barboteur à fonctionnement automatique, j'ai pu augmenter la précision de l'analyse tout en simplifiant l'exécution et abrégeant la durée.

VIII. — J'ai trouvé aussi un nouvel appareil qui remplace avantageusement les gazomètres à mercure pour la conservation des gaz.

IX. — Dans l'étude de la combustion du benzol dans les moteurs, j'ai trouvé :

A. Que l'utilisation du calorifique était d'autant meilleure :

    a) Que la charge est plus grande ;

    b) Et la compression plus faible.

B. Que la limite supérieure de l'explosion du mélange benzol et air est nettement diminuée par la pression et la température.

TABLE DES MATIÈRES

www.ingramcontent.com/pod-product-compliance
Ingram Content Group UK Ltd.
Pitfield, Milton Keynes, MK11 3LW, UK
UKHW022258120726
13694UKWH00003B/1115